中国科普大奖图书典藏书系

神奇数学密码

星河 著

中国盲文出版社
湖北科学技术出版社

图书在版编目（CIP）数据

神奇数学密码：大字版 / 星河著. —北京：中国盲文出版社，2020.3

（中国科普大奖图书典藏书系）

ISBN 978-7-5002-9542-6

Ⅰ. ①神…　Ⅱ. ①星…　Ⅲ. ①数学—普及读物　Ⅳ. ①O1-49

中国版本图书馆 CIP 数据核字（2020）第 020827 号

神奇数学密码

著　　者：星　河
责任编辑：贺世民
出版发行：中国盲文出版社
社　　址：北京市西城区太平街甲 6 号
邮政编码：100050
印　　刷：东港股份有限公司
经　　销：新华书店
开　　本：787×1092　1/16
字　　数：141 千字
印　　张：14.75
版　　次：2020 年 3 月第 1 版　2020 年 3 月第 1 次印刷
书　　号：ISBN 978-7-5002-9542-6/O・37
定　　价：39.00 元
编辑热线：（010）83190266
销售服务热线：（010）83190297　83190289　83190292

目　录
CONTENTS

此时此刻，游戏水平更重要……

“比赛规则完全公正。”李晓文一副稳操胜券的架势，“我印象中你数学很好，对吗？咱们可以来比赛解数学题。”

只要是上过学的人就都知道，班里最多每两周就要调一次座位，据说是为了保护视力。

而今天，座位的安排似乎不再是为了保护视力，而是为了迎合两名男生当下的心情。

几乎全年级都知道，在这个班里有个既聪明又漂亮的女生，名叫袁园圆。这一周，她的座位正好位于教室正中间的位置。而在她的左右，分别坐着两个各具优势的男生：靠左边墙坐的是语文课代表李晓文，靠右边墙坐的是数学课代表张晓数——说到这里，我想大家都明白什么意思了吧？

平时袁园圆与李晓文和张晓数玩得都很好，三个人在一起的时候就是一个和谐的小团体，可只要李晓文和张晓数两人单独在一起，似乎就总会有一些微妙的事情发生。

这种微妙的事情正好在今天发生了。下午刚一放学，李晓文就把张晓数叫到一边，和颜悦色地对他说了什么。在外人看来，他们一定是在谈论一个相当好玩的话题。没有人会想到，李晓文是在向张晓数发出挑战。

“我看咱俩还是找个时间比试比试吧?”李晓文用右手揽住张晓数的右肩。

“打架?”看着人高马大的李晓文，张晓数的身子不由得向后一挺，不知道对方的葫芦里卖的是什么药。

“咱们是文明人，哪能那么粗鲁?”李晓文咧嘴笑了，“我是说来场智力竞赛。”

“这我可不怕你。”这下张晓数放心多了。

“好，痛快！”李晓文仍旧笑得十分自信，“那你看哪天合适？”

“等等，真要比赛的话，规则应该平等。”张晓数好像突然想起了什么，“让我跟着你背诵唐诗宋词和创作那些小情小调的散文我可不干。”

李晓文的脸色变了一下，因为他最反感别人说他小情小调，那似乎是在说他不是男人。可他还是忍住没有发作。

为了今天的大局，暂且忍他一忍。李晓文在心里对自己说。

“比赛规则完全公正。”李晓文一副稳操胜券的架势，“我印象中你数学很好，对吗？咱们可以来比赛解数学题。”

张晓数眼睛一亮，他没想到对方竟然会提出这样明显弱智的要求。

和我比数学？这不是鲁班叔叔门口玩斧子、关老爷马前耍大刀吗？

张晓数很想摸摸李晓文的脑袋，看他发烧了没有。

“不过咱们的比赛方式要复杂一点，光比赛解题显得有点单调了……”李晓文继续说。

难道要一边解题一边吟诗不成？张晓数疑惑地看着李晓文。

“我记得你电脑游戏也打得不错，对吧？”李晓文突然问道。

张晓数机械地点了点头。一般来说，凡是涉及逻辑的东西他都喜欢，电脑游戏自然也不例外，所以他一听到别人说玩电脑游戏会使孩子学习成绩下降就嗤之以鼻——时间可能会占用一些，可智力水平绝对会因此提高。

“那我们一边打游戏一边解题怎么样?”李晓文笑着说出了比赛方式。

张晓数一下子愣在了那里！不错，数学是他所长，电脑游戏也是他所长，可他从没想过这两件事能一块儿做！

张晓数记得有一件事曾让他印象深刻：做几何作业的时候，他的图形总是画得最准确最漂亮，不过李晓文那一手画方一手画圆的绝活他是从来玩不来的！

看到张晓数开始发呆，李晓文心中暗暗高兴。其实这一招他已经构思很久了，绝不是一拍脑袋产生的主意。

李晓文的电脑游戏打不过张晓数，数学更是不如张晓数，但李晓文知道一点，那就是张晓数做什么事情都很专心，而且必须很专心；假如让他同时做两件事，他就一定做不好。这样一来，李晓文就有信心战胜张晓数了。

看到李晓文笑望着自己，张晓数连忙打起精神，扬手和李晓文的手掌一击。虽说这个主意实在是荒唐，可他还是决心接受挑战。

——自己的数学本领和游戏水平都不输于李晓文，那还有什么可怕的?

“既然比赛方式你已经定下了，时间地点可得由我来挑。”张晓数突然想到一个问题，他想在“天时地利”上找回一点优势。

“时间还用挑吗？今天不是正好？择日不如撞日。”一个悦耳的声音从他们身后传来，张晓数不用回头就知道那是谁的声音，“地点也好解决啊，就到我家去比吧。”

“原来是这样。”张晓数有些不满地回过头去质问袁园圆，“看来你们是事先商量好了的？”

“当然不是！只不过我刚刚偷听了你们的谈话。”只要袁园圆一笑，张晓数就什么话也说不出来了，“既然是比赛，自然应该给你们找一个舒服的地方。”

“你家舒服吗？”张晓数问道。

“好像你没去过似的。”袁园圆撇撇嘴，“老爸老妈又出差了，比赛场地不用准备就已就绪！”

“就这么办！”李晓文之所以做出这一决定，是因为他觉得自己肯定能赢。

“就这么办！”同样的，张晓数也觉得自己一定会赢。

“事先可得说好——”袁园圆本来已经打算上路了，却突然回过头来对他们说道，“输了可不许急，赢了也不许得意忘形。”

对于袁园圆的父母来说，出差简直就是家常便饭，所以他们经常留下袁园圆一个人在家。好在袁园圆的自理能力极强。

袁园圆家还有一个特点，那就是她家的电脑巨多，父母和她自己各有一台台式机，外加每人一台笔记本电脑，这还没算淘汰下来的——连起来简直就是一个小网吧了！可比网吧好的地方在于这里可以不受打扰，而且没有未成年人禁止入内之类的限制。

比赛的首选游戏自然是CS，这是目前大中小学学生无人不玩的游戏。说是无人不玩，默认的只包括男生——其实女玩家也有不少，比如这位袁园圆就是此中高手，虽说水平远不如今天这两位。

题目本是李晓文出的，但袁园圆说这样不公平，于是张晓数也出了一部分，外加袁园圆出的几道，打乱之后做出临时“题库”。袁园圆从里面随机抽出一部分，分别放在两人的桌旁。

“预备——开始！”随着袁园圆的一声令下，李晓文和张晓数同时进入游戏，并同时翻开了桌边的稿纸。

结果张晓数的确有些慌了，他还从没这么手忙脚乱过，顾了游戏就忘记了解题，忙于解题就顾不了游戏。

而李晓文根本不去理会那些难题，主要把精力集中在游戏上面。那些需要靠知识渊博才能完成的题目，对他来说简直是易如反掌。

最后，李晓文终于以数学题18对22错和游戏8胜2负获胜。

“CH 桥”真能让你进入网络

“这叫‘CH 桥’。”袁园圆回答道，“它可以让我们的意识进入‘虚拟现实’状态。”

“这不公平！”袁园圆抢先说话。

“哎——数学他比我牛，电脑游戏他也比我牛，现在他都输了，还要怎么公平？”李晓文不满地叫喊起来。

“一边游戏一边看题，这样肯定会影响成绩的。”袁园圆指出了这个明显存在的问题。

“我的题目也是自己看的，你也没有念给我听啊。”李晓文抱怨道。

“算了，我认输。”张晓数不想那么没有风度。

“可谁都知道张晓数做事喜欢集中精力。”袁园圆依旧坚持。

“那你说怎么办吧？”李晓文把手一摊。

“这个嘛……我还真有一个办法。”袁园圆说完兴奋地跑出房间，回来的时候手里拿着一个头盔似的东西。

“这是什么？”李晓文疑惑地看着袁园圆。

“这叫‘CH 桥’。”袁园圆回答道，“它可以让我们的意识进入‘虚拟现实’状态。”

“您能用标准的汉语给我们解释一下吗?”李晓文故作夸张地起哄道。

其实“虚拟现实”这个词李晓文和张晓数早就听说过，就是利用电脑技术和一个带有“眼罩”的特殊装置实现人机联网，准确地说就是以意识的形式进入电脑网络。它会使你觉得自己已经进入电脑所展示的那个神奇世界，有一种身临其境的感觉。

只是李晓文和张晓数都没有想到，今天居然能在这里见到这种传说中的装置。

“‘CH 桥’是‘人机之间的桥梁’的意思。”袁园圆解释说，“它的道理非常简单，只要你对脑电波的原理略知一二就很容易理解。人的大脑会发出轻微的生物电流，那么只要将它连接到电脑网络当中，通过一系列电子元件的放大作用，就能影响电脑中的数据。当然啦，这只不过是用通俗的话来解释‘CH 桥’的工作原理，其中肯定还有许多咱们不知道的名堂。”

“原来这就叫‘CH 桥’啊。”李晓文喃喃自语。

“看起来很简单嘛，估计使用起来也不麻烦。”张晓数拿起那个“CH 桥”看了看，“这么好的装置，为什么不大力推广呢?”

“现在‘CH 桥’的技术还不完备，使用‘CH 桥’有严格的时间限制。”袁园圆警告说，“进行人机联网的时间最多不能超过120分钟，否则将会对大脑产生极大的危害。"

"能有多危险?"李晓文问道。

"最大的危险就是有可能使操作者变成植物人。"袁园圆告诉他，"或者说得更准确一些，是CGP病人。"

按照袁园圆的介绍，CGP是英文Computer Gaming Pseudodementia的缩写，翻译成中文就是"电脑游戏性痴呆症"。关于这一病症的有关资料以前李晓文和张晓数曾经在科普杂志上读过。人们最早在美国发现这种病症，目前已经有不少患者。尽管所有患者在身体健康、心理素质等方面的情况都不一样，但他们患病时恰恰都坐在电脑前操纵键盘杀敌攻关，而患病后的症状又都与痴呆患者的症状非常相似。美国政府已将所有患者秘密收容起来，对外说是为了避免恐慌，其实很可能是想从中发现一条人机对话的特别途径。

"人机对话?"张晓数撇撇嘴，"就现在电脑这智力，能和它对什么话?也就知道点基本数学知识和……"

"和什么?"袁园圆追问道，"怎么能这么说呢?电脑就是人类数学发展到一定水平的产物。"

"算了，没什么。"张晓数本来想说"和李晓文的数学水平差不多"，但到底还是忍住没说。

"单个的电脑确实没什么智力，可它们现在连成了网络，就不能如此小看了。"袁园圆不同意张晓数的说法，"算了，咱们先不说这个，你们打不打算用这个来比赛?"

“用它比赛有什么好处?”李晓文这才想起询问“CH桥”的特点。

“它会使你仿佛进入到游戏当中，感觉真的像在格斗搏杀。”袁园圆告诉李晓文,“而且你也不用再看题目，我会把题目念给你们听，你们在战斗的同时就能听到题目。”

张晓数听了十分高兴，心想：这下不用再翻题目了，甚至连鼠标都不用了,“双手”可以完全投入地进行游戏，而这样脑子也就可以专心思考题目了。于是他使劲地点了点头，表示同意。

而李晓文想的是：念题目也会干扰打游戏，本来我设计这个方案就不是想靠翻题目的动作影响张晓数，而是希望干扰他的思路。所以这样一来，效果还是相同的。于是他也表示同意，只是他还有一点疑问:“只有一个‘CH桥’

有什么用?"

"还有两个,"袁园圆又跑去拿过来两个"CH 桥","咱们仨一人一个。"

"你要它干什么?"

"裁判也必须亲临现场。"袁园圆边说边把那个"CH 桥"戴上,"再说我还得给你们念题呢。"

李晓文和张晓数也学着袁园圆的样子，把"CH 桥"戴在了头上。

可他们忘了一件事——没有事先设定时间，也就是说，他们没有让"CH 桥"在两个小时之后自动退出虚拟状态。

后果……不堪设想!

查看军事地图的“机器人间谍”

虽说将军的警告十分严肃，但孩子就是孩子，即便是身处危险也挡不住他们心中的好奇。

李晓文从来都没有玩过那种惊险刺激的蹦极游戏，就更不用说跳伞运动了。他现在的感觉就如同从一个极高的位置跳下的人——失重的感觉弥漫了全身。

其实张晓数的感觉也差不多，他感到自己的周围充满了白雾，仿佛正置身云端。他不知道等待他的将是什么，眼下只有咬紧牙关坚持到底。

而且此时此刻，李晓文和张晓数都在想着同样一个问题：袁园圆现在的感觉怎么样？也许她经常进入这种“虚拟现实”状态，是否早就没了这些非常奇特的感觉？

就在这时，他们两人的头盔耳机里突然传出了袁园圆那焦急的声音：“糟糕，我们好像进错游戏了！”

“难道你的电脑里还有别的游戏吗？”李晓文急忙问道，这时他才发现“CH 桥”中有可供通话的装置。

“可能是电脑里原来设定的模拟社会吧，当然也可能是与外界网络连接的结果……”袁园圆的话本来就莫名其妙，当结尾部分被白雾吞噬掉之后就更让人觉得不知所云了。

“袁园圆!”袁园圆的声音突然中断，李晓文意识到一定是出了什么问题，“你怎么了?”

“袁园圆!”张晓数也跟着大喊了起来，“你在哪里?”

但接下来，他们就谁也看不到谁，并且谁也听不到谁了。

当李晓文再清醒过来的时候，他感到自己的屁股疼极了。但他还没来得及叫出声就听见旁边的张晓数叫个不停：“哎哟！我的屁股呀!”

“你们着陆的姿势不对。”袁园圆的声音突然在李晓文和张晓数的耳边响起，她扶了这个扶那个，“你们应该像我一样，双腿并拢，屈膝减震，只有这样才能安全着陆。”

“我的大小姐啊，你这就叫着陆啊!”张晓数几乎是哭着爬起来的。李晓文看到张晓数的窘态，就更不愿意显露自己的痛楚了。

“这到底是哪里啊?”李晓文一边揉着屁股，一边忍着疼痛问袁园圆道。

“看起来好像是个非常真实的游戏场景。”袁园圆看着四周胡乱琢磨着，“看起来不像是中国古代，是不是一个完全架空设置的幻想游戏啊……”

“人们好像都行色匆匆的样子。”这时张晓数也缓过神来了，他盯着街上匆匆行走的士兵猜测道，“这里好像在酝酿某种事变……”

“你们几个是什么人?”张晓数话音未落，几个凶神恶煞般的士兵就冲到了他们三人的面前，“快抓住他们!”

这时三人想跑已经来不及了，士兵们从四面八方汇聚过来，粗暴地把他们抓了起来。

“他们肯定是奸细!”一个小头目似的士兵说道，“带回去好好盘查。”

从布置上看，这里显然是一个临时的指挥所。三个人一起被带到一个挂有“X 光室”的房间门前。

“这是干什么啊? 我又没骨折。”张晓数奇怪地问道，他记得自己上次腿骨骨折的时候曾经在医院里拍过“片子”。

“难道说机器人也会骨折吗?”那小头目讽刺了张晓数一句，口气相当不屑，“笑话!”

“谁是机器人啊?”张晓数觉得有点莫名其妙。

“是不是机器人不是凭嘴说的，只要照一下马上就能知道了。”这时一个官阶比较高的军官走过来说道。李晓文偷偷地看了看他的军衔，认定他应该是一名将军。

好在拍 X 光是十分简单的事，就这么一照，马上就什么都清楚了：是人的话，骨骼什么的就都会被拍出来；而如果是机器人，那拍出来的“片子”上就全是钢筋和电路什么的了。

李晓文、张晓数和袁园圆这三个货真价实的人类，照出来之后显现的自然是血肉之躯。

“对不起对不起，真对不起。”那位将军连声道歉，“主要是因为机器人间谍太猖獗了，我们不得不防。”

“你们也太过分了！”袁园圆这时才敢表现出自己的极度愤慨，“你们怎么能随便抓人呢！”

“让咱们等待X光检查已经够不错的了。”李晓文小声安慰袁园圆道，“要不是咱们那么坚决地申辩，说不定会被就地处决呢。”

“他们敢！”袁园圆更是怒气冲天了，“还无法无天了！”

“你们这是在做什么？在玩打仗的游戏吗？”张晓数问那位将军，他觉得他好像还比较讲理。

“打仗的游戏？小孩子说话可真是轻巧，简直就像我们的……”那位将军瞪大了眼睛。

“就像什么？”张晓数追问道。

“我们的国家——”那位将军没有把话说完，而是解释起与游戏无关的问题来，“准确地说是我们的文明，已经到了生死攸关的地步了！”

“真有那么严重吗？”李晓文觉得这位将军有点小题大做了。

“你们啊，可真年轻。”将军摇摇头，不再和这些小孩子讲道理，“我还要忙，你们先休息休息吧。不过不要乱跑，因为大战马上就要开始了，交战双方的子弹都不长眼睛，再说你们很有可能被当成敌方的间谍。”

虽说将军的警告十分严肃，但孩子就是孩子，即便是身处危险也挡不住他们心中的好奇。再说什么与机器人交战之类的说法，就更激起他们想要知道真相的好奇心了。他们从临时指挥所向外望去，发现有很多人都匆匆地朝同一个方向涌去。

“你们这是去干什么？”李晓文拉住一个人好奇地问道。

“去中心广场听国王的宣战演讲啊。”被问到的人只来得及扔下一句话，就继续急匆匆地往前走去，“马上就要开始了！”

“咱们也跟去听听！”张晓数一挥手，李晓文和袁园圆连忙跟上。

“等等，咱们先看看怎么走更近一些。”女孩子到底心细，袁园圆发现在临时指挥所的墙上有一张军事地图，应该就是这座城市的地图。

“我们现在在这座城市的边上，那个人刚才说的中心广场应该就是这个城市最中心的白方框。”李晓文认真研究了一下地图，获得了重大发现，“我们斜插过去应该比较近，也就是走这个正方形城市的对角线。”

“这座城市是方方正正的，所有的街道都是直线型的，你怎么走对角线?”张晓数反问道。

“那我们就多拐几个弯。这样——”李晓文在地图上比划着，“先向右转，再朝左转，然后再向右转，再朝左转……”

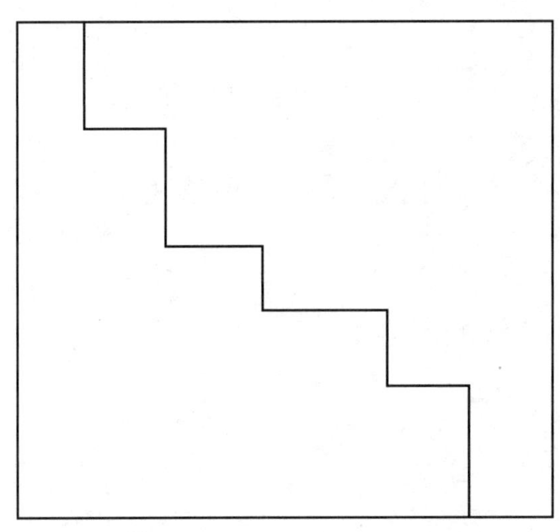

“没用的。你这样走下来，与直着走没有任何区别。”张晓数郑重地告诉李晓文，“你看，你走的那些小路的长度加起来，与这条水平线和这条垂直线的长度是完全相同的。”

“没错。”袁园圆马上就明白了这个道理，“只要是直角拐弯，无论拐上多少次都是没用的。”

——幸亏他们的身份已经被证实，否则三个人围在军用地图前面比比画画，还不又被当成奸细啊！

“无数”或者“无术”的演讲

国王煽情的演讲使无数听众激动了起来，他下面的话几乎被淹没在人们那雷鸣般的掌声中了。

李晓文、张晓数和袁园圆三个人辛辛苦苦地跑到中心广场，这才发现自己白忙活了。因为此时此刻的中心广场已经站满了人，而他们的个子又矮，根本看不到前方演讲台上面的国王，只能从广场四周的扩音器里听到国王的声音。

“早知道还不如在刚才那个临时指挥所里听广播呢。”李晓文嘟囔起来。

演讲台上，国王正在慷慨陈词：

“……背信弃义的电脑，居然向它们的制造者——人类发起了无耻的进攻！这是我们绝对不能容忍的……”

国王煽情的演讲使无数听众激动了起来，他下面的话几乎被淹没在人们那雷鸣般的掌声中了。

“原来是这样。”李晓文若有所思地点了点头，“电脑反叛人类……好像许多科幻小说里都写过，没想到在这个世界里却真的发生了。”

过了一会儿，等人们稍微冷静下来之后，三个人才听到国王下面的话：“……我们人类已经进化了这么多年，完全能够凭我们自己的双手来建设文明，根本不需要靠电脑来帮忙。我们从此以后再也不需要电脑了，我们甚至再也不需要用来研制和操作电脑的最基本的学科——数学……”

听到这里，全体听众欢呼雀跃，简直像在庆祝节日一样。

“这恐怕不太合适吧……”听到这里，袁园圆不禁有些惊讶。

“这国王该不是疯了吧？”张晓数的反应更为激烈，“不要数学可怎么行？”

“这是一位多么有个性的伟大国王啊！”李晓文并没有对国王的决策给予肯定的评价，倒是对他的个性来了一番赞美。

“……没有了数学，就不会研制出电脑；没有了电脑，也就不会有反叛者！”也许是被人民的情绪所感染，国王的语气也变得非常激动，“我们要建设一个‘无数国’！”

全场的激动情绪几乎达到了顶点。

“哼，我看还是叫‘不学无术国’更贴切。”张晓数小声嘟囔道。

“这逻辑是有点乱啊。”连不喜欢数学的李晓文都觉得这位国王的逻辑有点好笑。

"小心点!"袁园圆提醒他们,"别让别人听见。"

"我有个主意!"张晓数突然提议道,"咱们挤到前面去看看这个疯子国王怎么样?"

"那太费劲了。"袁园圆摇了摇头,提出了自己的另外一个建议,"咱们还不如到后台去呢。"

李晓文和张晓数马上同意了袁园圆的建议。

可等他们三个人费了九牛二虎之力挤到后台的时候,国王的演讲已经结束了,激动的人们开始了游行。

"看来只好等这位国王下一次演讲的时候才能一睹他的尊容了。"张晓数遗憾地一摊手,"我有点饿了,不知道哪里能有饭吃。"

经张晓数这么一提醒,李晓文和袁园圆也觉得他们的肚子开始叫了。可他们沿街寻找饭馆的时候才发现,每一家饭馆里面都空空如也,原来大家都去游行了。他们继续寻找,结果发现有一个小男孩在街上边走边玩。

"这位小朋友,你怎么到处乱跑啊?你的爸爸妈妈呢?"袁园圆关心地上前询问,"这里马上就要打仗了,你还是赶快回家吧。"

李晓文走过去摸了摸那个小男孩的头,觉得他挺可爱的。

"你胆子可真不小啊。"小男孩突然对李晓文说道。

"我怎么胆子不小了?"李晓文不明白小男孩在说什么,"我看你的胆子才不小,都快打仗了也不害怕。"

"我看还是你的胆子不小,"那小男孩笑了,"见到我居然不行礼，而且还敢来摸我的头。”

“行礼？我们为什么要向你行礼？”李晓文惊讶得眼睛都瞪圆了。

正在这时，一辆军车疾驶而来，停在几个人的身边。三个人刚刚见过的那位将军跳下车来，跑到那个小男孩面前下跪行礼：“报告陛下，军队已全部做好准备了！”

“好，时刻准备战斗。”那个小男孩似乎突然长大了一般，说出来的话让张晓数他们三个人摸不着头脑。这时张晓数才发觉这个小男孩的声音有些熟悉，好像在哪里听见过似的，“人们的游行一结束，就马上宣布那条彻底取缔数学的法律。”

“天啦！陛下！”李晓文比刚才更加惊讶了，“原来你就是这里的国王啊！”

“怎么，不像吗?”小男孩笑得很甜，“现在我可以觉得你们几个很可爱了吧?也可以觉得你们胆子不小了吧?”

“您马上要指挥战争了吗?”袁园圆的语气突然变得十分恭敬，也许她是崇拜吧，毕竟这么小就当上国王很不简单。

“眼下还不算忙吧。现在一切已准备就绪，我们能够做的，只有等待。”小国王望着那位将军离去的背影说道，“如果我们人类要主动进攻机器人，那无异于自取灭亡啊。”

“可你们为什么要和机器人打仗啊?”李晓文不解地问道。

“你们?”小国王突然又露出了小孩子的神态，“你们?难道你不是我们人类的一员吗?”

“我当然是了!”李晓文挺挺胸膛。

“那你就不该说‘你们’，而应该说‘咱们’。”小国王纠正道，“是咱们与机器人开战。”

“那为什么呢?”李晓文并不因为小国王的纠正而不再继续追问，“咱们为什么要和机器人开战?”

“这话说起来可就长了。”小国王长长地叹了一口气。

这时战争还没有打响，且一切已经准备就绪，小国王也十分无聊，一肚子的苦水没有地方可倒，正好与几个同龄的孩子说上一说。

经过小国王的介绍，三个人这才大致明白了这场战争的起因。

按照小国王的说法，电脑和机器人与人类的矛盾本来不是很大，只是电脑和机器人要争取自己的合法权益，而老国王——也就是小国王的父亲——本来也打算考虑这个问题。可没想到电脑和机器人群体里面也有“极端分子”，他们居然制造出机器人恐怖分子，无耻地暗杀了老国王，制造了震惊全国的流血事件！这下全体人民都不干了，小国王仓促继位，同时向电脑和机器人正式宣战。

而小国王也大体明白了这三个与自己同龄的孩子来自另外一个世界。至于那个世界究竟是怎么一回事，他们又是怎么来到这里的，却稀里糊涂地没能搞清楚。

“可这和数学又有什么关系?”张晓数还是没有忘记这件事。

“有了数学，才有了电脑和机器人的出现和发展。”小国王一说到这里就有些愤愤不平，“数学是万恶之源!”

变来变去还是它

设计师连忙拿出笔记本电脑，启动电脑开始运行他的设计程序，屏幕上出现了那个方方正正的图形。

“这简直是胡说八道！”张晓数大概是有点气蒙了，他马上摆出一副论战的架势要和小国王好好理论一番。

“我不和你争吵！”小国王似乎知道张晓数要说什么，“这些天来，每天都有数学家来和我争吵。我吵不过你们，所以我不和你们争吵。”

没想到无意中小国王已经把张晓数当成数学家了。

“那是你没道理！”张晓数得理不让人。

“那是我没工夫。”小国王与前面走过来的一个人打了个招呼。那人胳膊下面夹着一卷图纸，样子像是一名工程师。小国王挥挥手，制止了他要下跪的请求，“我现在要盖一座新的王宫，我要和我的设计师谈谈。”

“都大敌当前了还要盖王宫？”李晓文小声地对袁园圆说道，“没想到这么小就这么昏庸。”

“你懂什么啊！”没想到这话居然让小国王听见了，可他并没有大发雷霆，而是很不屑地白了李晓文一眼，“机器人的反叛队伍把我们的王宫给炸毁了，我们必须马上修建一个新的。国家不能一天没有王宫，因为这是国家的象征。”

李晓文把头撇到一边不理睬小国王。

“再说了，我的王宫是地上地下连体的，也是保护老百姓的军事掩体！”小国王继续为自己辩解。

听到这里，张晓数突然在旁边冷笑了一声。

“你不相信?”小国王这下真的有些不高兴了。

“我是不相信。”张晓数接口道,“我不是不相信陛下的爱民之心,我是不相信陛下能不用一点数学就盖起这么一个有效的巨大掩体。”

“我还就是一点数学不用!”没想到一听到这个,小国王简直要跳起来和张晓数吵架。

“你就不可能不用!”张晓数也针锋相对。

“我就是不用!”小国王则毫不示弱。

“你就不可能不用!”张晓数坚持自己的看法,“你要建造王宫就得计算面积,还需要选材用料,而这些都得用到数学!再说了,在设计王宫样式的时候你还要用到几何!”

“我就不计算王宫的面积,它爱多大就多大!”小国王还是不接受张晓数的说法,“我就是不用几何!”

“只要你在一个平面上建造一个物体,它就是一个几何图形。”张晓数大笑起来,“你也就不可能不用到几何知识。”

小国王不再理睬张晓数,而是与那位设计师说起话来。设计师连忙摊开图纸,详细地向小国王汇报起这是什么那是什么。小国王感到很满意。这时设计师趁机解释道:“陛下下令不再使用电脑了,所以我花了好几个晚上才画出来,还请陛下恕罪。”

“无妨无妨。”小国王挥挥手,顺便白了张晓数一眼,“慢点没事——稳当!”

张晓数偷眼看去,等他看清那张设计图时,一下笑出声来。

“你笑什么?”小国王看着张晓数问道,“这么漂亮的设计,难道你还能说出什么缺点来?”

“陛下,估计您也能看得出来,现在这个方方正正的王宫,其实就是一个几何图形。”张晓数指点着图纸说道,“它在几何里面叫做正方形。”

“正方形?”小国王看了看设计图,果然如此,多少有些恼羞成怒,“重来!我偏要设计个不是几何图形的王宫来!”

“陛下,重新设计需要很多天的时间……”设计师放胆劝道。

“就没有别的办法吗?”看得出来,小国王相当生气。

“除非……”设计师又不敢往下说了。

“除非什么?”小国王追问道。

“除非借助于电脑。”设计师心惊胆战地把这句话说完。

小国王看了看张晓数,气急败坏地说道:“好,为了证明我的新王宫就不是几何图形,我今天就破一次例!快拿电脑来!”

设计师连忙拿出笔记本电脑,启动电脑开始运行他的设计程序,屏幕上出现了那个方方正正的图形。

袁园圆奇怪地看了设计师一眼,偷偷地冲他笑笑。设计师连忙皱着眉头示意,让她不要说出来。

——原来设计师还是偷偷使用了电脑参与设计,而且还被袁园圆发现了。幸好小国王正在气头上,所以没有注意到这个问题。

“正方形？正方形不是四边相等吗？”没想到小国王还有点数学知识，“把它的两边给我往长里拉。”

设计师按照小国王的命令，把“王宫”东西两边的围墙向外拉。这时屏幕上出现的图形虽然还是方的，但相邻的两边却不相等了。

“陛下，这也是一个几何图形。”张晓数不动声色地说道，“它叫长方形，或者矩形，它的四个角还都是直角。”

“我还就不信了！把它给我压扁了，所有的角都不能是直角。”设计师执行命令后，屏幕上出现了一个两组对边分别平行的图形，小国王扬扬得意地说道：“这回不再是长‘方’形了吧？”

“确实不是长方形了，可它叫平行四边形。”张晓数无奈地耸耸肩，“这也是几何图形中的一种。”

“你可真笨！让我亲自来！”国王一把推开设计师，自己按着鼠标，又把那个图形中的四个边重新布置了一番，一直折腾到它的相邻两边又相等了才停下来。

“菱形，陛下。”这回张晓数不等国王开口便解释道，“这是菱形。”

小国王继续拖动鼠标，屏幕上的图形只剩下一组对边平行了。

“梯形，陛下。”张晓数继续说道，“还是有一组对边平行的。”

“平行，我让你平行！”小国王又把其中一条边往上拉了一点，“这回一组对边都平行不了了！”

“可它还是四边形。”张晓数笑着对小国王说道，“您不能否认，一个普通的四边形也是几何图形。”

面对张晓数的“刁难”，小国王突然生出一个主意，他在王宫的设计图上加了一道边。

“没用的，陛下。”张晓数平静地告诉小国王，“五边形也是几何图形的一种。”

小国王又加了一条边。

“这叫六边形，陛下。”

小国王这下可气坏了，开始在那个图形上疯狂地加边。加着加着，图形几乎都看不出边来了。这时的屏幕上出现了一个圆圆的图形，这下连小国王自己都乐了。

“这是圆形。”小国王先是不好意思地说道，但马上就恶狠狠地在圆形上上下一压，把它给弄扁了，“但我就不让它是圆形！”

“这叫椭圆。”张晓数提醒道。

“椭圆我也不要！”小国王又胡乱弄了几下，那个图形真的连椭圆都不是了。这时小国王得意地对张晓数说道：“现在你再说说，它究竟是什么图形。”

“吐唾沫”和“一笔画”

“不是说这是个数学问题吗?”小国王的语气里带着讽刺,“让他们的那个叫什么特的数学家来解决啊!”

“就算我说不出它是什么图形，它也还是一个几何图形，这个性质是改变不了的。”张晓数平静地告诉小国王，“而且你刚才所做的那些事，也都是一种数学行为，它叫做拓扑。”

“你才吐唾沫呢!”小国王很气愤地回敬了一句。

“不是‘吐唾沫’，我说的是拓扑学，是数学的一个分支。”张晓数认真地说道,“你刚才所做的那一切，一般被称为拓扑变形。”

“这可真新鲜了，我还是头一次听说，变换变换图形也算是一门数学。”没想到小国王的好奇心压倒了他的怒火，他竟认真地向张晓数请教起来,“你倒是给我讲讲，这是怎么一种数学?”

“拓扑学就是……”没想到真要解释起来，张晓数却有些犯难了，但他还是很快想出了一个通俗易懂的解释方法：“打个比方说吧，你在一个可以拉伸和收缩的塑料薄膜上面画上一个正方形，然后你把它向两边一拉，它就变成长方形了；或者用类似的方法，你也可以把一个正方形变换成一个圆形；把一个回字形变换成两个圆环相套的图形；把里面有一个叉的正方形，变换成一个圆环里套着一个十字的图形……你看，这些图形的形状和面积都变化了，但它们的连接点数什么的却没有变，还有许多性质也都没有改变，这就叫做拓扑变换。当然了，还有一个前提，那就是你的塑料薄膜绝对不能拉破。”

“哼哼，从你讲的这些来说，我看数学就没有什么用。”

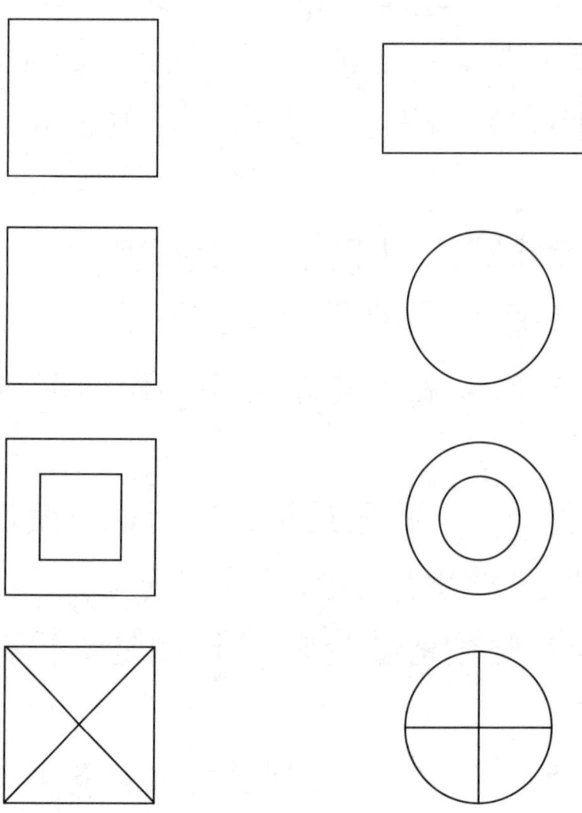

没想到张晓数的讲述倒成了小国王否定数学的证据。

“数学的用处大得很呢。”张晓数还想争辩。

“我不和你说了。”小国王就是这样，争吵不过就一挥手不再谈了，“我得研究我的新王宫了。这是我的起居室，这是我的餐厅，这是我的会议大厅，这是我的办公室……这些地方我每天必去。”

小国王还挺勤政爱民。李晓文心想。

“而且我要提高效率，早晨起床之后，从起居室开始，先到餐厅就餐，再到会议大厅听取大臣的汇报，然后到办公室处理文件，然后回起居室——决不走重复路线。”

“陛下恐怕很难实现您的愿望。”张晓数只扫了一眼那张设计图，就知道小国王的想法根本不可能实现。

“那你能给我讲出原因吗?”小国王不屑地问道，“我就不信这个数学也能帮你。”

“陛下说的还真没错，数学恰恰能帮助我们，让我们来判断能不能解决这个问题。”张晓数鞠了一躬，夸赞小国王道。袁园圆在心里笑张晓数：你可真聪明啊，小国王明明说不能用数学来解决，你却偷换了概念夸他，让他现在也无话可说了——看来你张晓数已经学得相当聪明了。

结果小国王果然无话可说，只得顺水推舟地说道：“那么朕就命你用数学解决一下这个问题吧。”

“解决这个问题还是需要利用拓扑学的原理。”得意忘形的张晓数开始侃侃而谈，“所谓拓扑学，就是不研究几何图形的长短曲直和交点位置等性质，只研究点与线的相关位置和连接情况……”

“天啊，我的头怎么这么疼啊!”小国王蹲在地上，双手抱住脑袋，显然就是一副小学生不想做作业的样子。

“陛下似乎有些累了，我看咱们还是先别管什么拓扑学了，我先给陛下来讲一段故事吧。”李晓文忙过来打圆场。

“好好好!”一听说要讲故事，小国王马上从地上站了起来，一点头疼的迹象都没有了。

张晓数无奈地撇撇嘴。

“话说德国……”李晓文开始讲故事。

“德国?”没想到李晓文刚一开口小国王就打断了他，“我怎么没听说过这个国家?”

“哦，这是我们那个世界的国家……”李晓文不知道怎么解释才好。

“好了好了，别管哪国了，你就继续讲吧。”小国王倒先不耐烦起来了。

“话说德国当年有座美丽的古老城市，叫做哥尼斯堡。”于是李晓文就绘声绘色地讲述了起来，“这座城市虽然不大，但却很有名气。它曾是东普鲁士的首府，还培养出19世纪的大数学家希尔伯特……”

“听着数学家就烦!”小国王插嘴道。

“好吧，那就提它培养出的18世纪哲学家康德好了。”李晓文继续往下讲，“普雷格尔河的两条支流在这里汇成一股，一起流向蔚蓝色的波罗的海。”

“这都是些什么古怪地名啊?”小国王再次插嘴。

“在河心的克奈芳福岛上，坐落着雄伟的哥尼斯堡大教堂。”李晓文没理睬小国王，继续自己的讲述，“整个城市被河水分成四块……”

估计要像威尼斯一样把船当成交通工具了吧？袁园圆暗暗思忖道。

“为了让城市的各个部分连通起来，人们修建了七座桥梁……”

“为什么不使用轮渡啊？”小国王虽然不知道威尼斯，但还是有些不甘心，“那样比较浪漫……”

“我讲还是你讲啊？”李晓文心想这小国王怎么不懂得礼貌呢，“你要是老打断我，我可就不讲了。”

袁园圆紧张地看了小国王一眼，担心小国王发怒——这李晓文怎么敢这么和一个国王说话呢！

“你讲你讲。”没想到小国王讨好地向李晓文赔礼道歉。看来他还是比较喜欢听故事。

“那么问题就来了——”李晓文适时地提出了问题，“为了进行完整的城市观光，又为了能尽量少走路，能不能一次走过七座桥，但又完全不重复呢？”

“嗯？”这下小国王反应过来了，“这和我刚才提高效率的问题好像有点关系啊。”

“不错。当时全城的人都在思考这个问题，可就是没有一个人能想出来。”李晓文继续说道，“结果哥尼斯堡就因为这个‘七桥问题’而出了名。”

“不是说这是个数学问题吗？”小国王的语气里带着讽

刺，“让他们的那个叫什么特的数学家来解决啊！”

“可这时还是 18 世纪。”张晓数笑着插了一句，“那位数学大师希尔伯特还没有出生呢。”

“不过在我的印象里这个问题传到了当时另外一位大数

学家的耳朵里，他圆满地解决了这个问题。”袁园圆笑吟吟地插话说，“他就是大数学家欧拉。”

“欧拉先把图形简化了，变成几条曲线和几个交点。”张晓数接过话头，“这样一来，这个问题就成了‘一笔画’问题了。”

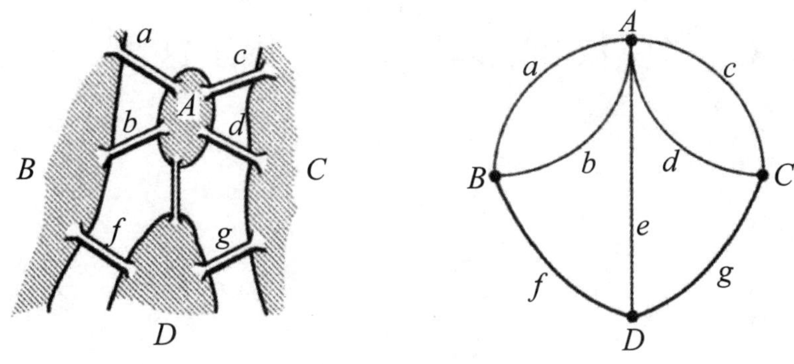

“你要开始就这样讲多好，非扯上什么拓啊扑啊的。”小国王埋怨张晓数，“可现在问题还是解决不了啊，那么多种图形，哪些能够一笔走完，哪些不能一笔走完，这可怎么判断啊。”

袁园圆看到小国王趴在地上研究图形的样子很可爱，看来他对数学的成见不那么深了。

“欧拉经过一番研究，发现这些图形是有规律的。”张晓数给出结论，“任何一个点，总有进去的线和出来的线，所以除去开始和结束的两个点之外，经过每一点的线的数目，应该是一个偶数。”

“那我算算啊——”小国王一个个地点画过来，然后一点点计算，“完了，好像是个奇数。”

“我建议陛下不妨再加上一个数学研究室，每天都进去走上一走看上一看，只要位置合适，也许就既能解决一笔画的路线问题，又能够恢复对数学的应用……”

“绝不可能!”小国王把手一挥，脑袋摇个没完，“你放心，这个方案一点可能性都没有！我宁可走一条重复的路线。”

李晓文、张晓数和袁园圆听了小国王这话，面面相觑，不知说什么才好。

没有规矩怎么画方圆

“怪不得刚才……”袁园圆这下想起了刚才有关水池面积的问题，知道自己怎么会产生那种奇怪的想法了。

解决了——或者说根本没能解决——路线问题，小国王又把目光投向了后花园里的那个水池。

“我觉得这个正方形水池太小了一点。”小国王对设计师说道，“我想把它的面积扩大一倍。”

“可是陛下，这个正方形四个角上的树不能动啊。”设计师连忙说道，“这些都是祖先留下来的，千年古树可是不能随便挖的呀。”

“不是要把面积扩大一倍吗，那就在每个边上随便挖点土好了。”李晓文小声嘟囔道，他还想着刚才小国王在电脑上乱调图形的事情，“反正小国王喜欢乱七八糟的图形。”

“那样多不好看啊，完全可以在水池边做一个外接圆。”袁园圆出了个主意，“这样古树也保留下来了，面积也扩大了。”

“你能保证它的面积扩大的正好是一倍吗?”小国王关心地问道。

没想到小国王也关注面积这样的数学问题了。不过李晓文只是在心里这么想了一下，没敢真的说出来。

“哎呀，这个还真的不能!”袁园圆似乎突然想起了什么，她印象中圆形和正方形在面积上有个什么问题，只是她一时没能想起来，“圆形多美啊，圆形是平面图形中最美的图形。”

“可我就喜欢正方形。”小国王一噘嘴，“圆形圆圆的没边没角，给人的感觉是无法掌握。”

“那倒也不是完全不能做到。”到底还是张晓数想出了一个绝妙的办法来。他在图纸上画出了自己的方案，“这样斜着做上四条边，水池的面积不就扩大一倍了吗?只不过原来四个角上的古树变成了池塘四个边的中点了。”

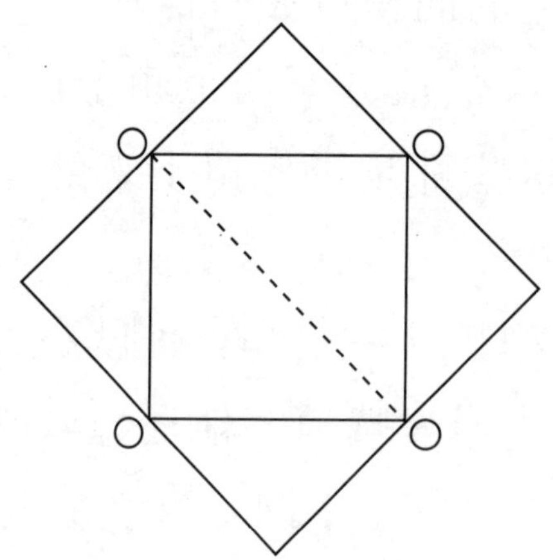

“怎么样，陛下?”袁园圆兴奋地问道，“一个斜着的正方形你能接受吗?”

“没问题！绝对没问题！”看到这个方案，小国王十分兴奋，“只要是一个正方形就成！”

接着小国王继续研究新王宫的设计图，发现用来演讲的演讲台也被设计成了方形，他感到十分高兴。

“我就喜欢正方形。”

“这不叫正方形，陛下。”张晓数提醒小国王道，“这叫立方体。”

“哦，立方体，好。”小国王说道，“不过我感觉这个演讲台好像小了一点，不够气派，我也要把它扩大一倍。”

“陛下的意思是——”张晓数有些惊诧地问道，“不多不少，正好一倍？”

“正好一倍！”小国王坚决地说道。

“那么这次陛下的愿望就无法实现了。”李晓文不无遗憾地告诉小国王，“不但您做不到，就连历史上最伟大的数学家都做不到。”

“怎么？连最伟大的数学家也做不到吗？”小国王感到有些奇怪，“数学不是能够解决一切问题吗？”

“可这个问题已经被古人证明是不可能的了。”李晓文耐心地告诉小国王说，“这就是著名的古希腊三大几何难题之一。”

“哦？这到底怎么回事？”这下小国王真的感到奇怪了，“难道这第一个难题，就是无法把一个立方体的体积整整扩大一倍？”

“当然是有条件的，条件的限制还比较死。”李晓文急忙补充说,“在立方体的体积扩大一倍的同时，新的形状还得是一个立方体。”

“这是为什么?”小国王不解,“为什么做不到?”

“这说起来就比较复杂了，应该涉及有理数和无理数之类的问题。”张晓数故作姿态地把手一摊,“可陛下已经下令禁止了数学，结果这两种数也就不太好区分开来了。”

“那就先不管了!”小国王一听涉及自己颁布的新法律也就不再继续追问了,“那么另外两个难题是什么?”

“一个是化圆为方。”李晓文熟练地运用着自己的历史知识,“就是把一个圆形，变成一个面积完全相等的正方形。”

“怪不得刚才……”袁园圆这下想起了刚才有关水池面积的问题，知道自己怎么会产生那种奇怪的想法了。虽说刚才的问题与现在这个不完全相同，但它们之间还是有很大关系的。

“不用说，原因也和上面的难题一样了?”没想到这个小国王还有举一反三的本领。

“差不多吧。”其实李晓文也说不出个所以然来，只得点点头承认了,“再有一个难题，就是三等分一个角了。”

“哈哈，这下你可错了。”小国王好像突然抓住了李晓文的把柄,“三等分一个角可是太容易了！虽说我十分讨厌数学，可量角器还是会用的。看来你们那些证明了这三道难题不可能做出来的数学家们也全都是废物!”

“我早就说嘛，小国王颁布禁止数学的法律，说是为了杜绝电脑和机器人叛乱，其实也还是有私心的。”袁园圆凑在李晓文的耳朵边上说道，“他自己的数学学得肯定不好，估计上学的时候还经常不及格。”

“慢着，陛下。”张晓数阻止了小国王去找量角器的举动，“这三等分一个角，只能用直尺和圆规两种数学工具，也就是我们常说的‘尺规作图’，是不能用到什么量角器的。”

“哪来这么多破规矩!”小国王有些生气了,“这数学可真麻烦死了！看来我禁止它一点都没有错!”

“俗话说:‘没有规矩，不成方圆’嘛。”李晓文赶紧补充了一句。

“那么这个尺规作图究竟是谁规定的?”小国王十分不满地问道,“为什么不能废除掉?”

“也谈不上谁规定的吧。”这下李晓文还真回答不出这个问题了,“应该是历史沿袭下来的规则吧，大家都要共同遵守的。”

“今天我还就要破了这个规矩，改革这个陋习!”小国王愤愤地说道,“我是国王，我有权颁布法律!”

看着小国王那可爱的样子，张晓数宽容地笑笑，没再说话。

“别说是国王，就连神仙，在数学面前与老百姓也是平等的。”李晓文还不肯闭嘴。

“好了好了，少说废话，多办实事!”小国王挥挥手，不再与他们争论,“新王宫的设计图就这么定了，抓紧时间施工!”

重建王宫一二三

“好，不错！”小国王赞许地点点头，“这样一来，又解决了其他建筑材料的运输问题。”

几个人一边说一边来到了老王宫的废墟前面，那情景让李晓文、张晓数和袁园圆都大吃了一惊。

“没想到破坏得这么严重！”李晓文长叹一声。

“到底是机器人的武器啊！”张晓数从另一个角度叹息道，“咱们人类手无寸铁的，可怎么对付啊？”

“不要长他人志气，灭自己威风。”小国王制止了李晓文和张晓数的感叹，“我们马上就要重建它了，让一个更新更美更实用的新王宫出现在我们面前，让机器人看看，没有它们我们也能活，而且会活得更好。”

“可是这么大的一个工程，要怎么下手才行呢？”面对着老王宫的废墟，袁园圆有点犯难。

“下什么手啊，现在可是机械化的时代。”张晓数却不觉得这有什么难的，“几下就可以铲平旧的盖新的。"

“你可别忘了，小国王可是禁用机器的。”李晓文笑着说道。

“不许歪曲我的命令！”小国王喝止了李晓文，“我可从没说完全禁用机器，而且我非常主张利用机器。我要禁止的，是由电脑控制的那些自动机器！”

袁园圆发现，小国王说着说着就有点乱了。

“另外我说，咱们别总是小国王小国王的好不好？”哈哈，看来小国王还真的有点脾气呢，“国王就是国王，没有什么大小之分。”

“好的，陛下。”李晓文觉得小国王还挺有意思的，在涉及他的尊严问题时还真的挺在意。

“我不是那个意思……”袁园圆想要解释一下，“我觉得你们大家都误会了我的意思……”

“其实我明白你的意思。”张晓数把话接了过来，“你不是说具体应该怎么施工，而是说这么大的一个工程，应该先从哪里开始下手，然后应该怎么安排和组织，对不对？”

“对对对。”袁园圆马上点点头说，“首先这么多的垃圾应该怎么清理掉，还有这么多的建筑材料，一时应该怎么筹齐——现在可是战时啊！再说了，就算筹备到了这些建筑材料，运输起来也是一个相当大的麻烦问题啊。”

“而且工期也是一个问题，估计小国王……”李晓文说到这里突然想到了刚才小国王生气的样子，连忙改口，“估计陛下想要很快完成这一建设任务。”

“自然是这样！”小国王马上点头表示同意。

“这倒是比较简单……”张晓数想了一下说道。

“简单？”没想到张晓数刚要说出他心里的想法就被小国王给打断了，“那你快说说看！我这几天正在为这个事头疼呢。”

“不过陛下可得允许我使用一点点数学。”张晓数笑着说道。

“这个……好好好，这次再破一回例。”小国王好像抓到了救命稻草，也就没在意什么数学不数学的了。

“还得允许我们以后继续叫你小国王。”李晓文趁机和小国王开起玩笑来。

“这……”小国王简直不知道应该怎么才好了。

“李晓文!”袁园圆示意李晓文不要太过分。

“好好好，那就也依你!”没想到小国王竟然也答应下来了——看来他是真的着急了。

“呵呵。”张晓数没想到小国王为了新王宫的建设居然会做出这么大的让步，于是他不再开玩笑，认真地向小国王提出自己的建议，“我觉得我们可以参考一下当年丁谓施工的方法。”

“丁谓?”小国王听着有点糊涂，“这个人又是谁?他又是怎么做的?”

“这是一个历史人物——当然，也是我们来的那个世界的历史人物。”李晓文对历史十分熟悉，于是张口讲了出来，“在宋真宗大中祥符年间，皇宫里面突然发生了一场火灾，一夜之间，大片的宫室楼台和殿阁亭榭都变成了废墟。为了修复这些宫殿，真宗任命晋国公丁谓为修葺使，也就是修理总管之类的官员吧……”

“我说你就别再卖弄口才了。”虽说小国王听得津津有味，但张晓数还是适时打断了李晓文那精彩的演讲，“还是直接说正题吧。”

“好吧。”李晓文虽然有点意犹未尽，但还是及时地刹住了车，“当时，要完成这么一项重大的建筑工程，需要解决一系列十分麻烦的问题。”

“其实刚才袁园圆已经说过了，主要有这么几个问题。”

张晓数离开李晓文的故事，具体分析了几个麻烦问题，“第一，就是大批的废墟垃圾应该怎样及时清理掉；第二，就是怎样在短时间内找到大量的建筑材料，具体地说也就是施工用土；第三，就是应该怎样解决垃圾和建材的运输问题。”

小国王听得十分专心，因为这些问题恰恰是建设新王宫难以解决的问题，这些天自己和下属一直在为这些问题头疼。

“丁谓首先下令‘凿通衢取土’。”李晓文有点故意卖弄，直接引用史料上的文言文，“这是古汉语，你不懂的。”

“人家不懂你就应该翻译给人家听!”袁园圆站出来打抱不平，“陛下，这话的意思就是说：丁谓让工人们从施工现场向外挖了好多条又长又深的沟渠，这样挖出来的土就可以作为施工用土了。”

“漂亮!”小国王情不自禁地叫起好来，“这样取土的问题就地解决了，也就不需要从远处再运过来了。”

张晓数点点头，接着李晓文和袁园圆的话往下说：“然后再进行第二步。这第二步，丁谓让工人们从城外把汴水——这是一条河的名字——引入新挖的那些大深沟里。”

“引诸道竹木筏排及船运杂材，尽自堑中入至宫门。”李晓文又开始卖弄起他的古文和记忆力了。

“也就是说，把水引入这些大深沟之后，这些大深沟就变成了一条条运河了。”袁园圆也不理睬李晓文的卖弄，继续给小国王翻译，“这样一来，那些竹排啦木筏啦什么的，总之水里的那些船只之类的交通工具，就都能直接进到施工场地来了。而那些施工所需要的其他大批建材，比如木材和石料什么的，也就能很方便地运进来了。”

“好，不错！”小国王赞许地点点头，“这样一来，又解决了其他建筑材料的运输问题。”

“于是，丁谓就带领着工人们热火朝天地干起来了……”李晓文看到张晓数和袁园圆脱离开了他的故事情节，只好自说自话地胡编起来了。

“不过好好的王宫周围，弄出那么多沟沟坎坎的，好像也让人不太舒服。”小国王开始独立思考了，“再说那些垃圾也还没运出去啊……哦，我明白了！这些运河还能帮助把垃圾运走！”

“陛下的想法太好了，已经很接近丁谓当年的做法了。”张晓数夸奖了小国王一句，“但还应该有更好的方式。”

“更好的方式？”小国王实在想不出还有什么更好的办法了。

“对！”张晓数点头说道，“等到所有的建筑运输任务完成之后，先把沟里的那些水排掉，然后把那些垃圾和建筑废料都填进那些大深沟里去，王宫的周围不就平整了嘛。”

“太妙了！”小国王异常兴奋起来，“这丁谓可真聪明啊，我手下怎么就没有这样的人呢？”

李晓文听到这话后在心里想：你手下很可能也有这样聪明的人呢，可你现在连电脑都不许别人用了，连数学都禁止了，那些人未必敢来你这里自荐。

加加减减乘乘……不要除

“别和我提电脑！别和我提电脑听见没有！”

李晓文还没有说完，就被小国王粗暴地打断了。

“不过——”小国王眼珠转了一下，“就算你们千方百计地让我相信数学有用，告诉我生活中充满了数学，但还是说服不了我。”

看来小国王早就看透了李晓文、张晓数和袁园圆心里的想法，但他在说这话的时候似乎并不十分生气。

“为什么？”李晓文感到有些奇怪。

“总之你们说的这些数学，与我理解的数学还不太一样。”小国王寻找着合适的词汇来表达他的想法，“我觉得数学是那些数字和计算什么的，而你们说的好像都是一些‘道理’，总之不像是真正的数学。真正的数学需要计算，而我最烦的也就是那些计算。”

“繁琐一些的运算可以用电脑的……”李晓文说道。

“别和我提电脑！别和我提电脑听见没有！”李晓文还没有说完，就被小国王粗暴地打断了。

“可没有了计算，社会生活简直就无法继续啊。”张晓数摊摊手。

“我还就不相信这个。”小国王认死理，“不信咱们出去转上一圈，我要让你们看到生活中完全可以不要计算。”

小国王说干就干。他命令下属按照丁谓的方法开始新王宫的建设，然后便带上李晓文、张晓数和袁园圆他们三人微服私访去了。

四个人先来到一个果园里，看见几个果农正围在一起讨论着什么。

小国王凑近过去，只听一个果农说道：“我们昨天摘了52筐苹果，今天摘了43筐，现在一共有几筐了呢？”

“大家数一数吧。”看着那个果农困惑的样子，另外一个果农说道。

“1、2、3、4、5、6、7、8……”于是果农们开始费劲地数了起来。

可各人分别数下来之后，却发现每个人数的数目都不一样，只好重新再数。结果数了足有七八遍，大家才勉强一致认定：好像是95筐。

“你用52加43不就出来结果了。”小国王感觉有些好笑，给他们出主意说，“这么数来数去的，麻不麻烦啊。”

“嘘——”几个果农马上过来捂小国王的嘴，“小孩子真不懂事！你还不知道吗？新登基的小国王已经废除了所有的数学运算！”

小国王这才想起自己刚刚颁布的新法令。张晓数他们看看小国王，发现小国王的脸色要多难看有多难看。

幸亏这个国家的电视不发达，袁园圆在心里庆幸地想道。否则果农们发现他们面前的这个小孩子就是他们的小国王的话，还不知道他们会作何感想，也不知道会发生什么事情呢。

出了果园，没走多远就是海边了。他们几个人发现前面的海滩上又有一堆人围着，过去一看，原来是两个渔民正在中间大声争执。

李晓文本想上去调解一下，但小国王伸手拦住了他，他想看看他们究竟因为什么而吵架。

在那两个渔民面前各摆了一大堆鱼，看来争吵就是因此而起。

李晓文他们凑上前去听了一会儿，才听出个原委。原来，他们是在争谁打的鱼更多一些，多多少。知道了争执的原因，小国王脱口而出："这还不简单，你们比比不就完了吗？"

"怎么比啊？"其中一个渔民反问道。

"把你们各自的鱼数数，谁的数大谁打的鱼就多一些。"小国王耐心地教他们，"然后用大的那个数减去小的那个数，得出的结果就是多的数目嘛。"

"那可不行。"两个渔民大惊失色，"新国王已经禁止了数学运算，减法也在其中。"

小国王又碰了一鼻子灰，心里十分不痛快。

经历了这两件事之后，小国王有些闷闷不乐。李晓文故意问他是怎么回事，小国王回答道：

“看来加减法还是不能废除啊。”小国王犹豫了一下，然后很快地做出了决断，“好吧，传我的令——”

悄悄跟在后面的传令官听到小国王召唤，连忙上来记录。

“从即日起，恢复加减法的运算。”小国王下令。

“那把乘除法也一块儿恢复了吧。”袁园圆趁机建议道。

“那可不行！”小国王断然拒绝道，“那个什么九九乘法表实在太难背了，我可不想再受它的折磨！”

李晓文、张晓数和袁园圆他们互相对望了一下，无奈地摇摇头。袁园圆在李晓文的耳朵边上说道：“我猜得不错吧。我就说小国王的数学学得不好，现在看来果然如此——连九九乘法表都背不下来。”

“我们的微服私访到此结束。”小国王宣布说。

看来小国王是担心继续私访下去所有的数学计算都不得不恢复。张晓数在心里想道。

没想到在回去的路上，他们正好经过一家生产玩具的工厂。李晓文、张晓数和袁园圆他们一看是玩具工厂，都兴奋地要求进去看看。

“走，那我们就进去看看。”小国王也很喜欢玩具，“让你们看看，我们国家的玩具生产有多牛。”

于是，三人跟在小国王后面进了工厂。几个人来到生产车间，发现一位老工人正在一大堆可爱的小玩具前气喘吁吁地数着，然后还拿出笔来，在手上的一个纸板上比画着写着什么。

“你在干什么啊？”小国王走上前去问道。

“陛下！”老工人在年轻的时候参加过阅兵式，认识老国王，也就一眼认出了与老国王一模一样的小国王，连忙跪下回话，“陛下恕罪，我们要统计玩具的产量，不得不用加法运算……”

“算了算了，加减法刚刚已被恢复了。”小国王烦心地挥挥手。

“陛下圣明啊！”老工人不像李晓文他们，他是真心地赞赏小国王的举措。

“那你继续算吧。”小国王摆摆手，还是有些不大甘心。

“12 加 12，等于 24；再加 12，哦……36 了。”老工人重新开始计算，但仍旧十分费力，“唉，假如每天只要求一个工人做10个就好办多了。”

“你怎么会希望产量越少越好啊?”看到小国王又转到其他地方去了，袁园圆有些惊讶地询问老工人。

“那样好算啊！加起来容易一些!”老工人说道，“现在工厂里有34个工人，要是每人生产10个玩具，加起来就容易一些；可现在每个人生产12个，实在是太难算了。天天都要这样加来加去的，唉，还不如早点退休呢，就不用再受这份罪了。”

“您用12乘34不就省事多了吗?”李晓文听到老工人一边数一边唠叨，忍不住上前说道，“34乘以12，二四得八，二三得六……”

“一四得四，一三得三。”没等李晓文背完口诀，小国王自己也念叨起来——看来简单一些的乘法口诀他还没有完全忘记，“算完再加一下……我算出来了，408!”

“没错，是408。”其实张晓数早就心算出来了，但他不愿意驳小国王的面子，所以还是等着小国王先说。

“唉，用乘法是省事多了。”小国王不禁感慨起来，“就这么一乘，很快就得出了结果。”

一个好玩的筛子

“原来他也知道自己平时很不讲理总是凭借权势压人啊。”李晓文在袁园圆的耳朵边上悄悄说道。

“陛下，那咱们还是把乘法给恢复了吧。”张晓数看到小国王在思考，趁机劝说道，“你看，假如只恢复了加法，全国得有多少人整天都要忙碌地相加而不能相乘，这会耗费掉他们多少精力啊。”

“不用说了。”小国王毅然地说道，“我正要恢复呢。”

“陛下圣明！”张晓数连忙赞了一句。

看来小国王还是能知错就改的。李晓文只是在心里夸奖道。

“那除法也恢复了吧。”袁园圆还想让小国王走得更远一些。

“除法能派上什么用场啊，尤其是除不尽的时候！”小国王马上拒绝了这个建议，“不要不要！”

“看来要说服这个倔强的小国王还要假以时日。”李晓文摇摇头。

“你别这么说，其实我什么都明白了。”小国王搂着李晓文的肩膀，推心置腹地说道，“好多数学知识都特别有用，我没想真禁止它们，暂时禁止它们也只是权宜之计。”

李晓文突然受到小国王这样的礼遇，有些受宠若惊，不知道怎么应对才是。

“可有些个数学啊，简直就是没用到家了！”

“比如？”李晓文看着小国王，认真地问道。

“比如那个什么数论之类的玩意。”小国王一说起来就来气，“成天研究什么整除不整除的问题，你说无聊不无聊啊。”

“不无聊啊。”张晓数笑着接口说道，“一点也不无聊啊。”

“嘿，今天咱们还就要好好讨论讨论这个无聊不无聊的问题。”小国王认真起来，“我决不专制，决不凭借权势压人，咱们有理说理，好好讨论。”

“原来他也知道自己平时很不讲理总是凭借权势压人啊。”李晓文在袁园圆的耳朵边上悄悄说道。

“也不用你们说，我知道，数论是专门研究整数的问题的，什么整除不整除的。”没想到小国王肚子里的货还真不少，一张嘴就滔滔不绝地说了起来，“一个数，要是只能被1和它自己整除，那么这个数就叫素数，也叫质数，我说的对不对？”

“陛下的数学知识可真丰富啊！”这下袁园圆真的有些

惊讶了。

“可——这——些——破——玩——意——儿——又——有——什——么——用——?”小国王一字一顿地问道。

“呵呵，这个说起来就复杂了。”张晓数笑着说道，“看起来暂时没有什么用，但是数学嘛，要做很多纯理论的研究。”

“其实陛下说的还不太完全。”李晓文突然爆发了他的显摆欲，“早期数论主要研究自然数的性质和相互关系，更一般地来说，它是研究整数——包括正整数、零和负整数——的性质和相互关系。其中一个分支是初等数论，初等数论主要研究数的整除性。陛下刚才说的素数理论，只是其中一个重要的组成部分。”

“这有用吗?啊?有用吗?我看纯理论就是没用!”小国王气急败坏地说道，“纯理论有什么用?还什么可以证明素数是无穷多的，简直毫无用处!无穷多还能证明吗?简直是笑话!”

“当然可以!”张晓数对小国王说道。

“嘁，我就不相信。”小国王这次居然没有摆出国王架子，而是像一个孩子一样十分不屑，“有本事你证明给我看。”

“当然可以。”张晓数说证就证，“不过咱们得用到反证法。”

“管你正着反着，能证明出来就行。”国王摆出一副很大度的样子。

“好，陛下请看。”张晓数开始了他的证明，“现在假设素数共有 n 个，它们分别是：p_1，p_2，…，p_n。”

小国王有些头疼。

“现在我们将这些素数的乘积加上1，得到一个数 $p_1p_2\cdots p_n+1$。”张晓数继续说道，“这个数大于 n 个素数中的任何一个，所以只可能是一个合数。”

“为什么是合数？”小国王不明白。

“因为素数已经都被咱们列举干净了。”张晓数解释说。

“好，你继续。”小国王挥挥手。

“既然是合数，那么就应该有 $p_1p_2\cdots p_n+1=q_1q_2\cdots q_m$。”张晓数继续进行他的证明，“$q_1$，$q_2$，…，$q_m$ 中，任何一个数都不会是 p_1，p_2，…p_n中的一个。这样，就说明除了 p_1，p_2，…，p_n之外，还有素数 q_1，q_2…，q_m，而这与事先的假设相矛盾，所以素数的个数是无限的。”

“毫无用处的证明。”也不知道小国王听明白了没有，反正他就这么说了。

“而且我还可以列出一张素数表来。”张晓数继续说道。

“这就更是天大的笑话了。”小国王大笑着说道，“既然你都证明了这素数无限，那还怎么列出素数表来？”

“至少我们可以列出一部分来。”张晓数告诉小国王。

“这么说你有个公式了？”小国王问道。

“这倒真的没有。”张晓数笑笑说，“要想得到一个素数表，只有用最原始的方法——一个一个地筛。”

“筛?”小国王有点不明白这个字的意思。

“不错，就是像过筛子一样，一个素数一个素数地筛出来。”张晓数补充说，“所以这个方法，就叫做筛法。”

“准确的名字叫做埃拉托色尼筛法。”李晓文纠正道。

“不用说，这准又是个数学家的名字。”小国王猜测道。

“正是。”李晓文肯定了小国王的说法，“他是一位公元前的数学家，曾经研究过如何表示从 1 到 N 所有素数的方法问题，创造了通常称之为‘埃拉托色尼筛法’的筛选方法。”

“那咱们就开始筛吧。”小国王突然忘记了刚才的“数论无用说”，有点跃跃欲试起来。

“好的，咱们先把 N 以内的自然数按顺序排列。”

张晓数边说边在纸上写出了一系列数字——2，3，4，…，N。

“为什么不把 1 也写上?”小国王问道，“1 应该也比这个 N 小。”

“因为 1 既不算素数，也不算合数——除了 1 和它本身，还能被别的数整除的数叫作合数。”袁园圆告诉小国王，“所以把它特殊对待。”

“袁园圆说得对。”张晓数点点头，“好，现在我们开始求 2，3，4，…，N 中所有的素数。”

小国王盯着张晓数的手，看他究竟要怎么个“筛”法。

“首先 2 是一个素数，所以我们在 2 的下面画一条横线。”张晓数边说边在 2 的下面画了一条横线，“然后再把 2 以后的所有 2 的倍数都划去，其实也就是所有的偶数。”

张晓数在 2 下面画完横线后，依次划掉了 4、6、8、10 等数，纸上的数字排列就变成了——2，3，5，7，9……

“划完 2 的倍数，我们再往下看。”张晓数把笔指到 3 那里，“2 后面的 3 没有被划掉，说明它不是 2 的倍数，而是一个素数。”

“那么我们再在 3 的下面画一道横线。”小国王抢着说道，“然后再把 3 以后的所有 3 的倍数都划去!”

3，5，7，11，13，17，19……

“陛下太聪明了!”袁园圆夸奖道。与此同时，张晓数的手也没有停下，依次划掉了 6、9、12 等数。

“3 后面第一个没被划掉的数是 5，5 也是素数。”小国王掌握了方法，兴趣一下上来了，马上亲自动手划起来，“再在 5 的下面画一条横线，然后划掉 5 的倍数。”

5，7，11，13，17，19，23……

没等袁园圆再夸奖小国王一番，他已经有些等不及了，“马不停蹄”地一路划了下去。这样划了一会儿，N 以内的数中已经没有可划掉的数了。

“现在怎么办?”

“现在什么都不用做了。”张晓数笑着说道，“所有留下来的数，也就是那些下面有横线的数，就是 N 以内的全部素数。”

小国王这时再看那张纸，已经变成了这个样子：

2，3，5，7，11，13，17，19，23，29，31，37……

杀上几盘国际象棋

“从古至今，素数一直是一个引人注目的研究课题。”李晓文又趁机展示了一番自己的“数学才华”。

“不错，这方法真不错。”看着那张表格，小国王自我欣赏起来，“非常简单易懂，就是……”

“笨了点?”李晓文试探地接过话来。

“不错!”小国王马上点头同意，“你们还有没有更好的方法?”

“恐怕没有。”张晓数摇摇头，“据我所知，至今还没有一个能够描述所有素数的数学公式。”

“那就比较麻烦了。”小国王既沮丧又得意，“我还以为数学能够解决一切问题呢。”

“呵呵，陛下不能因此就认为数学解决不了一切问题，因为每一个数学题目的类型是不同的。”张晓数笑呵呵地对小国王说，“不过找素数的这个筛法，倒是真的还可以再稍微简单一点。”

“怎么个稍微？”小国王马上问道。

“通过进一步研究，埃拉托色尼还指出——”张晓数边回想边叙述，“对于一个大整数 x，只要知道了不超过$\sqrt{x}$的所有素数 P，就能用上述方法求出不超过 x 的全部素数。”

“那这样还真简单多了！”小国王听罢十分兴奋，“因为一般来说，$\sqrt{x}$ 比 x 可要小很多呢！”

“哇，方法是简单多了，可陛下却真不简单！”袁园圆惊呼起来，“你居然知道$\sqrt{x}$ 比 x 小很多！”

“嗨，这点小技艺，何足挂齿。”没想到小国王还挺谦虚，“关键是这筛法不错，简单易懂，又相当实用，解决一些初级小问题十分好用。”

“筛法可不只是能解决初级小问题。”张晓数连忙纠正小国王的说法，“许多古典数论的问题，比如孪生素数……”

“什么叫孪生素数？”小国王打断张晓数的话，“难道素数还有双胞胎吗？这可是第一次听说！”

“至少人们把一些素数看做是双胞胎。”张晓数笑着解释说，“孪生素数也被称为素数对，比如说 5 和 7、17 和 19、101 和 103 等等，它们的差都是 2，就被称为孪生素数。”

“原来是这样，看来素数双胞胎不一样大，要差上两岁。”小国王开了个玩笑，“好吧，那你接着说吧，你刚才要让这些双胞胎素数干什么？”

“我不想让它们干什么。”张晓数被弄得哭笑不得，“我只是想说，比如孪生素数集的相对疏度问题，还有著名的哥德巴赫猜想问题，都有人用筛法研究过，并获得了一部分重要的结果。”

“从古至今，素数一直是一个引人注目的研究课题。”李晓文又趁机展示了一番自己的“数学才华”，“比如说素数的个数问题啦，素数的分布情况啦，素数的判别方法啦，素数的构成问题啦，等等，都是一些著名的问题。古希腊好多数学家都研究过素数问题——除了这个埃拉托色尼，几何大师欧几里得也研究过。”

“好了好了。”小国王突然不耐烦地挥挥手，“我的肚子已经饿了，恐怕大家得先找点吃的才行。”

李晓文他们自然知道小国王为什么突然转变话题——小国王在遇到自己理解不了的数学问题时从来如此！

“稍等一下。”张晓数居然敢斗胆抗旨，试探地问道，“陛下因为初等数论而不喜欢除法，那么在陛下看来，乘方开方什么的……”

“那就更不需要了！我都不明白那些玩意有什么用处！”一谈到这些数学知识，小国王更是一口回绝，“有时候乘方一乘起来得出的结果特别大，其实世界上根本就没有那种大数的情况。”

“陛下这么说恐怕有些片面吧？”张晓数笑着对小国王说道。

“片面什么？一点都不片面。”看起来小国王十分自信——而且他并没有真饿，因为一谈到他有把握和能理解的东西他就敢于继续讨论了，“世界上的情况相当简单，全国人数不过几万，这个数字就够大的了，什么几亿之类的数字我觉得一点用都没有。”

这下张晓数还真有些为难了，他一时无法说服小国王“亿”这个单位有什么用。而李晓文则在心里想：这小国王真是个井底之蛙，我们中国就有十几亿人呢，你这点人口算什么？

几个人边说边走，终于走累了。他们看到前面有一个小亭子，就坐下来休息。这时李晓文突然发现桌子上画着一些黑白格子，不禁赞叹道：“这样的装饰还挺漂亮！”

“这是国际象棋盘，还装饰呢。”袁园圆嘲讽李晓文，“你的知识那么丰富，居然不会下国际象棋吗？”

“别说下，就是听说都没听说过。”李晓文倒是满不在乎，“我估计你也就是听说过，未必真的会下。”

李晓文这么一说，袁园圆还真说不出什么来，因为她真的不会下国际象棋。没想到小国王一听却兴奋了起来：“你们都不会下吗？我可以教你们！”

看来这个世界也有国际象棋。张晓数心想。

于是小国王就开始教起他们来：这个叫“骑士”，那个叫“城堡”；这个直着走，那个斜着走……结果小国王费了半天的劲，李晓文和袁园圆似乎还不是十分清楚。看来小国王当老师是比较失败的。

“多简单啊，怎么还学不会呢？”小国王急得满头大汗，“本来还想教会了你们和我下一盘呢。”

“那我来向陛下学习学习吧。”一直没有说话的张晓数这时开了腔。其实张晓数本来就会下国际象棋，而且他刚才听小国王教李晓文和袁园圆他们，发现他的水平也很一般，于是就想出一个计策，打算戏弄一下小国王。

“你?”因为刚才张晓数一直没有说话，所以小国王有点怀疑他的水平，“我很不好意思杀你个十战十胜啊。”

“陛下有点夸口吧?”张晓数笑着发出挑战，“咱们也别十盘了，就一局定乾坤怎么样?”

“我夸口?我打遍天下无敌手!”小国王瞪着眼睛大叫起来，“全国没有一个人是我的对手!”

那是你的老百姓不敢赢你。李晓文在心里想道。

“哦?”张晓数却故作不信的样子，“真的是这样吗?”

“要不咱们打个赌吧。”小国王说道，“我要是赢了，你们就不许再提什么恢复除法运算之类的事情，现在恢复了多少就用多少。”

“那要是我赢了呢?”张晓数问道。

“那你们就可以继续再提啊。”小国王觉得张晓数问得十分奇怪。

其实小国王的这个说法是十分赖皮的——他要是赢了，张晓数他们就无权再提恢复其他数学运算的要求了；而张晓数要是赢了呢，却什么也没有得到。

“这样不大合适吧……”张晓数思忖道。

“怎么不合适了!”小国王有些急了，他怕张晓数看穿他的诡计，“就这样吧，你们挺占便宜的。”

“我就是觉得我们太占便宜了。”没想到张晓数居然这样说，连李晓文和袁园圆都大吃一惊，“我觉得我要是赢了，我们还是少要一些吧。”

“那你想要什么?”小国王紧张地问道。

“假如陛下赢了，就按陛下说的办。”张晓数解释道，“假如我赢了，我就要求陛下给我一点点物质上的奖赏。”

“没问题!”一听张晓数没提有关数学上的事情，只要物质上的奖赏，小国王一下就放了心，“我是国王，你要什么就有什么!”

看来小国王的脾气还真有点急，一口答应下来了对张晓数的物质奖赏，然后两人就开始下起棋来。

我只想要几颗麦粒

这个棋盘总共有 64 个方格，我要求在第一个方格里放 1 颗麦粒，在第二个方格里放 2 颗麦粒……

小国王万万没有想到的是，刚一上来，他就因为大意而输了。小国王要赖，说他有些轻敌，这盘不算，要求再下一盘。他并不在乎一点物质奖赏，而是不肯丢这个面子。而在下过一盘之后，张晓数对小国王的水平更清楚了，根本不再怕他，于是接下来的两盘，小国王还是输了。一连三盘，小国王丢盔弃甲，输了个彻底。

“好，说吧，现在你打算要什么奖励？”小国王气呼呼地问道。

“我只想要几颗麦粒。”张晓数说道。

“几颗麦粒？”小国王有些困惑，“我没听错吧？”

“没有。”张晓数指着国际象棋盘说道，“我要的麦粒是有规则的。陛下来看，这个棋盘总共有 64 个方格，我要求在第一个方格里放 1 颗麦粒，在第二个方格里放 2 颗麦粒……”

“第三个方格里放 3 颗麦粒吗?”小国王问道。

“不，第三个方格里放 4 颗麦粒，第四个方格里放 8 颗麦粒……”

“我懂了我懂了，接着是 16、32、64……”没想到对于 2 的乘法小国王计算得还挺快，可他突然想起了一个别的问题,“我说你该不是在侮辱我吧?”

“陛下何出此言?”张晓数惊讶地问道。

“你赢了我堂堂一个国王，难道就要这点东西?”小国王不满地说道,“才区区几颗麦粒?”

“陛下有所不知，对于老百姓来说，粮食是一种很重要的东西。”李晓文插上来解释说,“在我们中国有句古话：民以食为天。这几颗麦粒并不仅仅意味着几颗麦粒，而是一种象征，象征着我们对粮食的一种珍视。”

袁园圆偷偷地乐了，她没想到李晓文会这么煞有介事地对小国王讲这些道理。

“好，回去我就让人给你拿这几颗麦粒。”小国王觉得这事没什么难的。

“还是先通知一下粮库的负责人准备一下吧。”张晓数提醒说。

“粮库? 就你这几颗麦粒还用得着粮库?”小国王简直觉得张晓数的思维有问题,“恐怕连我一餐饭的麦子都用不了吧?”

“那么不妨请陛下先计算好了这些麦粒的数量，免得回去麻烦。”张晓数仍旧恭敬地对小国王说道。

“不用了，我多给你一些就是了。”小国王一听计算就有点害怕。

“我看还是算算吧。”袁园圆对小国王建议道。

“算就算，不怕你们。”小国王心想：不就是 2 的乘法吗？这还不简单！“第一格 1 颗，第二格 2 颗，第三格 4 颗……算了，我看我们回粮库直接摆好了。”

看来小国王到底还是懒得计算，于是一行人来到了王国的粮库。负责看管粮库的官员看到国王驾到，诚惶诚恐，马上命人按照国王的吩咐找来一张巨大的国际象棋盘。

“现在开始往上放麦粒。”小国王命令道，“按照他的要求放。”

计数麦粒的工作开始了，第一格内放 1 粒，第二格内放 2 粒，第三格内放 2^2 粒……可还没有到第 20 格，一袋麦子已经空了。

“好像不大对头啊。”小国王觉得有些奇怪，“看来还真需要几袋麦子。”

“几袋麦子……哼哼。”李晓文冷笑了一声，因为这时他已经看出了名堂。

接下来，一袋又一袋的麦子被扛到小国王面前来。但是，麦粒数却在一格接一格飞快地增长着。小国王很快就看出，即使把全国的麦子都拿来，也兑现不了他对张晓数的诺言。

“这这这……到底需要多少麦子啊？”小国王不得不向

张晓数问道。

“要想知道答案的话，恐怕需要做一些乘方运算……”张晓数故意看着小国王说道。

“做就做吧。”小国王无奈地点点头，“反正做做乘方运算也死不了人，而把粮库里的麦子都拿出来了才会死人呢。”

“所需麦粒的总数应该这样计算……”张晓数说着便列了一个式子出来：$1+2+2^2+2^3+\cdots+2^{63}=2^{64}-1$。

“那这个式子到底等于多少啊？”小国王不关心这些乘方具体怎么计算，他关心的是最终结果。

“应该是——18446744073709551615。”袁园圆掏出手机，用上面的小计算器算出了这些乘方的和。

“那这个数字是什么意思？”小国王一时还是理解不了这个数字的含义，“比如说有几袋？”

是啊，在陛下你的脑子里，最大的数字就是那几万人口而已，自然理解不了以百亿亿计的数字了，因为它实在是过于抽象了一些。李晓文心想。

“那么让我们来看看，这些麦子究竟有多少。”张晓数拿过袁园圆手里的手机，一边按动计算器，一边笑着说道，“打个比方说吧，如果造一个长方体的粮仓来装这些麦子，仓库的高度是 4 米，宽度是 10 米，那么这个粮仓……”

“等等等等，你还没有说仓库的长度呢。”小国王急忙追问道，“我知道你要告诉我这些粮仓的数量，可它总得先有个长度啊。”

“不，陛下，这些麦子只需要一个粮仓就能装下。”张晓数告诉小国王说，“就是这个粮仓的长度要稍微的长一些。”

“啊，真的？只需要一个粮仓就够了？”听了张晓数的“安慰”，小国王重新树立起一些信心，“那么它的长度需要多少？我的王国疆域辽阔，我相信它再长也没有多大问题。”

“这个粮仓的长度嘛……等于从地球到太阳的距离的两倍。”张晓数平静地说道。

“啊！”小国王听了这话，几乎立刻就要昏倒。

——顺便说一下，在小国王所在的这个世界里，“地球”与“太阳”之间的距离，与张晓数他们那个世界里的地日距离是一样的，都是 1.5 亿千米——光都不得不走上 8 分钟以上才能到达。

“我还顺便做了一个小小的计算。”张晓数扬了扬手里的手机，“要生产这么多的麦子，按照陛下的王国目前的农业水平，即使是把全国的农民都动员到陛下的农场里来，也要辛勤地工作上 2000 年。”

“尽管陛下非常富有，但是这么多的麦子，要你一下子拿出来，恐怕还是有些困难的吧。”李晓文突然插进来说道，“看来陛下是无法兑现自己的诺言了，这下陛下可要欠张晓数的债了。”

“这恐怕是我这辈子欠下的第一笔债，也是最大的一笔债。”小国王十分沮丧地说道，“我想从来也没有人欠过别人这么大的一笔债吧？”

“不，以前就有一个国王上过这样一个当。”李晓文又开始发掘自己记忆中的史料，而且承认小国王是上当了，“他也欠了他的宰相同样多的麦子。”

“哦？”小国王看到了一线生机，“那他们是怎么回事？莫非也是打赌？最后那个国王是怎么解决这个问题的？”

“不是打赌，但情况和今天有些相像。”李晓文开始讲述这个故事，“据说当年印度宰相西萨·班·达依尔发明了国际象棋，印度国王舍罕王打算重重地奖赏他。而宰相大人当时所提的要求也不高，也就是这样几颗麦粒而已。”

“够高的了！”小国王还是有些心有余悸，“结果呢？”

“结果舍罕王与陛下一样，欠下了他有生以来的第一笔债务。”李晓文笑着告诉小国王。

“我的意思那位国王是怎么解决这个难题的。”小国王问道，“他是怎么在宰相面前收场的？”

“这个史书上可没有记载。”没想到这下李晓文为难了，“我估计他要么是不得不忍受宰相没完没了的讨债，要么干脆砍掉他的脑袋了事。”

“嗯——我看后一个办法比较省事。”小国王似乎发现了一个好办法，用眼睛看着张晓数，“我猜那位国王一定是这么选择的。”

“除非那位国王是一个不讲理的暴君。”张晓数连忙说道，“我相信任何一个明智的国王都不会做出这种事来。”

由于这个马屁拍的正是时候，小国王听了不禁笑了起来，只得摆摆手作罢，表示大家都不要再提这件事了。

移来移去恒河沙

“这怎么会又和那个 2 的幂联系起来了呢？”小国王急忙问道，“除了这个 64 与那个 64 是相同的。”

“其实大数字还是非常有用的，光是历史记载的大数字的故事就有很多很多。”为了避免小国王尴尬，袁园圆连忙转移了话题，“印度有很多很多这种传说故事，他们好像还专门有一个词，用来表示很大很大的数字。”

“恒河沙。”李晓文补充说。

“这是什么意思？”小国王不明白大数字与恒河里的沙子有什么关系，“莫非恒河里的沙子格外的大吗？”

“不是格外的大，而是格外的多。”李晓文解释说，“当时在印度有一种说法，认为恒河里的沙子太多了，数也数不清楚，所以就把大数字用恒河沙来描述和代替了。”

“有点道理啊！”小国王觉得确实如此，因为他刚刚就领略到了这种大数字的威力。

“看来乘方确实可怕啊。”别人不再说了，可小国王自己还在自言自语，看来这件事对他的刺激实在是太大了。

“是啊，2 的幂看起来没什么，可它的增长速度却是惊人的，一般人都难以想象。”张晓数友好地对小国王说道，“比如说一张普通的纸，假如对折 30 次的话，那么它的厚度恐怕比珠穆朗玛峰还要高了。”

“珠穆朗玛峰你知道吧?”李晓文问小国王。他不知道在这个世界有没有这座山峰，也不知道这个世界的最高峰叫什么名字，它的高度有多高。

小国王摇摇头。

“它的高度是 8844.43 米——这是中国科考队最新测量出来的数据!”李晓文告诉小国王。

“天啊！一张纸对折 30 次，居然能比它还要高?”小国王接受了上次的教训，这次并没有说不相信，而是马上拿出一张纸来想要实验。

“陛下还是别试了，这个实验是很难做的。”张晓数拦住小国王。

“怎么?”小国王不明白张晓数为什么不让他做这个实验。

“陛下这张纸再大，在对折几次之后就会小得不能再小了，根本无法再继续折下去了。”张晓数边说边给小国王做了示范，结果那张纸果然“小得不能再小了”。

“陛下想要知道乘方的威力，我可以再给您讲一个例子。”张晓数饶有兴致地对小国王说道，“相比之下，它比那个什么恒河沙和那个什么国际象棋棋盘上的麦粒可要壮观多了。”

“你还有这种例子？”小国王确实没想到，一个 2 的幂居然就有这么多的典故，“快讲！”

“这个故事还是发生在印度，应该是在它的北部，地名好像是拿什么斯，是个佛教圣地。”

“在世界中心贝拿勒斯。”李晓文补充说。

“对，那就算是贝拿勒斯！”张晓数继续讲故事。

“什么叫就算，就是贝拿勒斯！”李晓文不依不饶。

“好好，就是就是。”张晓数息事宁人地说道。

“在它的圣庙里，安放着一个黄铜板。”张晓数这才继续讲下去，“板上插着三根宝石针。”

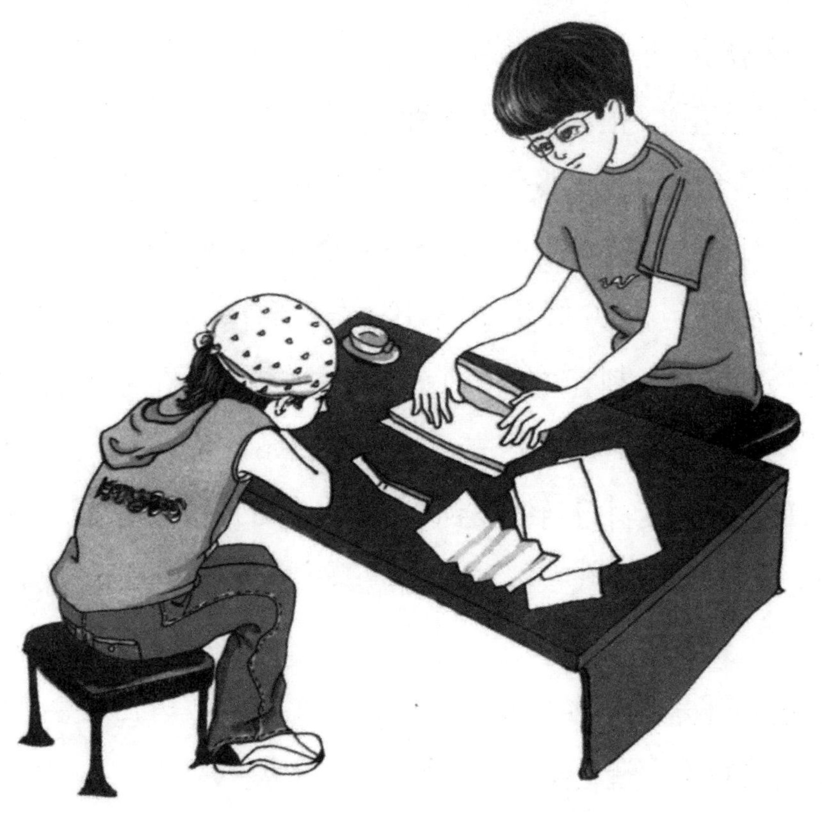

“每根针大约有半米高，粗细如同韭菜叶。”李晓文还是忍不住抢过话头。

“我说，是我讲还是你讲啊？”张晓数突然转过头来对李晓文说道。

“你讲你讲。”李晓文马上不好意思起来，因为他想起了小国王打断他讲故事时他自己的感受。

“有个神在创造世界的时候……”

“梵天，他是印度教的主神。”李晓文又补充道，随后连忙解释，“我这是补充，不算抢你的话头。”

“好啦好啦，神的名字叫什么并不重要。”张晓数实在不喜欢李晓文总是打断他的话，“这个神在创造世界的时候，在其中的一根针上，从下到上串上了由大到小的 64 片金片。这就是所谓的梵塔——这回我可记住了。”

说到这里，张晓数得意地看看李晓文。

“这怎么会又和那个 2 的幂联系起来了呢？”小国王急忙问道，“除了这个 64 与那个 64 是相同的。”

“因为按照有关规定，不论白天黑夜，都有一个值班的僧侣要按照梵天制定的法则，把这些金片在三根针上移来移去。”张晓数接着讲下去，“当所有 64 片都从梵天创造世界时所放的那根针上转移到另外一根针上时，世界就将在一声霹雳中彻底毁灭，梵塔、庙宇和众生也都将同归于尽。”

“这简直是无稽之谈！”小国王放声大笑起来，“几个小小的金片的移动就能让世界毁灭吗？”

“这个自然不能。”李晓文笑了起来，“但这个传说中反映出来的时间问题却比较好玩。”

“怎么个好玩法?”小国王还是不太明白。

“假如真要把这些金片都从一根针移动到另外一根针上，需要的时间会相当长。”李晓文解释自己刚才的话。

“我看这种说法还是无稽之谈。”小国王不屑地说道，“咱们退一万步说，就算毁灭一说真的成立，移动这些小金片也花不了多少时间啊。”

“这陛下可就错了，移动它们需要不少的时间。”张晓数对小国王说道，“当然，是有一定的要求的，比如说一次只能移一片，而且……原来那个规则是怎么说的来着?”

张晓数求助地看着李晓文，可李晓文故意不理睬他。

“你要是不帮助我，我可就胡讲了啊。”张晓数威胁道。

李晓文自然不愿意让小国王听一个不确切的数学故事，只得帮起张晓数来。“要求是这样的：不但一次只能移动一片，而且要求不管在哪一根针上，小片必须永远在大片的上面。”

“这还不容易吗?”小国王还是不大相信这会有多困难，能够耗费多少时间，“不信咱们来试试。”

小国王拿出一把小剪刀，开始剪圆纸片，大大小小一共剪了 64 个，然后他就开始摆了起来。

“我劝陛下还是不要做这个实验了。”张晓数好心劝道。

“这不挺快的吗?”小国王很快就移动了好几片纸片，“我看一个下午就能移动完。”

“这只是刚刚开始，后面是要以几何级数的速度向上增长的!”张晓数提醒小国王，“难道陛下忘记了刚才的麦粒?”

一说到这个，小国王立刻清醒了起来。他马上停下来问张晓数道:“那把这座梵塔的全部 64 片金片都移动到另外一根针上，又要始终保持上小下大的顺序，到底需要移动多少次呢?”

“这就得好好算算了。”张晓数抓过一张圆纸片计算起来，“陛下，咱们很容易就能发现，按照上述的移动规则，移动金片的规律是：不管把哪一片移动到另外一根针上，移动的次数都要比移动上面的一片增加一倍。”

“天！这还真的是麦粒问题了!”小国王有个优点，就是总能够举一反三，“第 1 片只需要移动 1 次，第 2 片则需要移动 2 次，第 3 片就是 2 的平方次，第 4 片就是 2 的立方次……这样下去，第 64 片就是 2 的 63 次方次！总共移动的次数是……”

小国王参照上面的麦粒式子，也列出了一个金片式子：

$$1+2+2^2+2^3+\cdots+2^{63}=2^{64}-1$$

“结果应该是一样的，也等于 18446744073709551615。”小国王偷了一个懒，根本没算就把上面的答案抄上了。

“那么陛下可知道，这个数字是什么意义呢?”张晓数启发性地问道。

“什么意义呢?”小国王机械地重复，他不知道是什么意义。

“好，现在我们假设，值班的僧侣每秒钟移动一片金片，然后日夜不停，年年如此。”张晓数开始向小国王提出假设，“现在咱们来看看，想要把这座梵塔的64片金片全部移到另外一根针上，需要多少年。”

袁园圆马上按动计算器，计算一年的秒数。

“一年约有31558000秒!”

“这样的话——”张晓数拿过手机除了一下，然后说道，“全部移动完也需要将近5800亿年!”

“什么什么?”小国王惊呼起来，“5800亿年?”

走着走着平行线就相交了

说这话的时候大臣终于挺起了胸膛，也许他认为谁也不能不承认科学的原理，即使他是一个国王。

“是的，5800 亿年。”张晓数点点头。

“而按照现代科学的观测和推测，整个太阳系的寿命也不会超过这个时间!”李晓文从记忆里挖掘着有关知识，“就更别说地球了。”

“当然，不知道陛下所在的这个世界是不是也与我们的世界相同。”张晓数故意幽默了一把。

“当然相同，至少物理定律应该是相同的。”小国王自嘲地说道，“再一次被 2 的幂给戏弄了。”

“陛下说得太对了，至少物理定律是相同的。”这时一直跟在小国王他们身后的一个大臣突然开口说道。

“你有什么事吗?”小国王看到大臣突然上来，连忙问道。

“我没有什么事，但刚才将军来电，说有重要事情向你汇报。”大臣回答道。

“他为什么不在电话里说?”小国王似乎很关心来自将军的消息,“快给他打电话!”

“他说事关重大，他要亲自向您面陈。”大臣看了看李晓文他们三人，然后小心地说道,“他还说他很快就会到的。”

“那好吧，他最好尽快来。”小国王挥挥手，但马上又把手放下了,“你们一直跟在我们后面?我不是说过不用你们暗中保护了吗!我堂堂一个国王，在自己的国土上，难道还有什么危险不成?”

“不，我们跟着陛下，还有别的目的。”一看小国王有些不悦，大臣连忙解释。

“还有别的目的?”小国王瞪大了眼睛。

行刺啊?李晓文在心里说道。

“我们正好进行一下国土测量。”大臣连忙说道。

“测量你个头啊!连个仪器都没有测量个什么啊!”小国王知道大臣跟在自己后面是为了暗中保护自己，因为他还看见了远远那几个穿着便衣的士兵。虽说大臣这是为了他好，但他不喜欢大臣对他说假话。

“陛下息怒，我们真是在测量。”大臣连忙跪下。

“好，既然你说你们是在测量，那么仪器在哪里?”小国王问道,“说不出来我再找你算账。”

大臣马上起身，回去抱来一些简单仪器，还有一个大地球仪。

“就这些简陋的玩意儿也能测量?”小国王已经相信大臣们在保护自己的同时也在搞测量了，但还是不肯承认自己错了,“那么你们的水平仪在哪里?”

听了小国王的话，李晓文在心里想道：刚搞了几天新王宫的建设就充起内行来了——你是不是就知道一个水平仪啊?

“我们只是简单测量，所以轻车简从，只带了一些简单仪器来。”大臣继续解释,“至于说水平仪，我们用的是这个。”

“这算什么水平仪?”看着大臣举起手中的水平仪，小国王有些奇怪。

“陛下再仔细看看。”大臣把水平仪凑近小国王的眼前。

“好像有些水。”小国王仔细查看了一下,“怎么？有水

又怎么了?”

“在我们这个星球上，与地面最平行的，就是这杯中的水面了。”说这话的时候大臣终于挺起了胸膛，也许他认为谁也不能不承认科学的原理，即使他是一个国王。

“是这样吗?”小国王看看张晓数。

“这是物理定律所决定的。”张晓数点点头，“当然也有数学的东西在里面。”

“数学?”小国王没想到又遇到了这个无所不在的“数学”，“这里的数学又在哪里啊?”

“平行啊。”袁园圆笑着说道，“这是几何学的基本概念。几何学还有许多基本原理……”

“好像叫作公理!”小国王突然想起过去学过的一些几何知识。

“陛下真聪明。”袁园圆马上夸道。

“你举出几个公理说来我听听。”小国王不禁有些得意。

“公理嘛……比如说这个：两条平行线永不相交。”袁园圆背诵道。

“嗯，不错不错，很有道理。”小国王频频点头称是，“看来数学还是很有用的。”

“嘿嘿。”张晓数偷偷地笑了一声。

“你笑什么?”小国王很奇怪，“你在笑我吗?”

“不敢。”张晓数仍旧含着笑，用手指了指袁园圆，“我只敢笑笑她。”

“好啊，你敢笑话我!”袁园圆冲着张晓数挥挥拳头，

“不过你的笑也说明了你的无知，因为这是最基本的道理。”

“是啊，袁园圆说得很对，连寡人都明白了。”小国王也在一旁帮腔，“你数学学得这么好，为什么要笑话她呢?”

“陛下……”张晓数思考着应该怎么说，“怎么说呢，这数学里的任何东西都是有条件的。”

“我知道，我知道!”袁园圆好像突然想起了什么，连忙补充，“应该加上一个条件：‘在同一个平面内’。”

“孺子可教也。”张晓数笑着点点头。

“一边去!”袁园圆白了他一眼。

“注意，一定是‘同一平面’。”张晓数又强调了一遍，而且还特意把重音放在“平”字上面。

“嘁，我看就未必。”袁园圆撇撇嘴。

“就是，是‘面’就成，干吗还非要‘平’啊。”小国王现在对数学的兴趣也浓厚起来，开始与他们一起讨论问题了。

“因为这条公理只能属于平面几何的范畴，也就是我们所说的欧式几何。”张晓数提醒道，“但是在 19 世纪上半叶，就有人提出了非欧几何的概念，他就是俄国的罗巴切夫斯基……”

“等等等等，什么欧式几何亚式几何的，这都什么啊。”小国王焦急地打断张晓数的话，“我刚搞清楚你们的七大洲，你就要再次让我变糊涂吗?”

“欧式的欧可不是指欧洲，而是一个人名中的字。”张晓数没想到，李晓文给小国王讲的故事，竟然让他记住了亚洲和欧洲什么的，而且被他胡乱地用到了这里，“这个人叫做欧几里得——刚才咱们提到过。”

“不用说，这一定又是一个数学家了。”小国王似乎猜到了什么。

“不错。”张晓数点点头，“他研究的是平面几何。”

“几何还有不平面的吗?”小国王有些不信，“我就不相信你能弄出两条相交的平行线啊——能相交那还叫什么平行线啊?”

“那么好，陛下请看。”张晓数拉着国王走到那个大地球仪前。

国王不知道张晓数要干什么，李晓文和袁园圆也都跟了过去。

张晓数指着赤道附近的两道经线问国王：“陛下请看，这两条直线是不是平行的呢?”

“这两条……当然平行。”

“那么这两条呢?”张晓数从原来的两条当中挑出一条，与另外一条经线相比。

“自然……也平行。”国王说的有些犹豫，“这有什么奇怪，一条直线可能有很多平行线，咱们说的是‘两条平行线永不相交’。”

“那么好，陛下请看。”张晓数用几只手指捋着这几条平行线，一直朝地球的北极“走”去。

“这这这……”小国王简直不知道应该说什么才好。他知道所有的经线都汇聚于北极和南极，可正如刚才张晓数所指出的，它们在两极确实是相交了。

“所以说：在球面上，平行线有可能交于一点——当然也可能是两点。”张晓数指点着地球仪对国王和袁园圆说道。

“哼!”袁园圆表现出不屑，但又无法反驳张晓数的观点。

“这真是奇了啊！居然有这种事！怎么会是这样!”国王接连惊叹。

“这就是所谓非欧几何。”张晓数笑着说道。

小国王命令将军必须命令他

现在他对数学已经不再那么反感了，而且还下令恢复了很多数学运算。

正当小国王要向张晓数请教所谓非欧几何的问题时，将军来到了小国王面前。小国王赶紧迎上前去。

李晓文、张晓数和袁园圆感觉到将军有重要情报向小国王汇报，于是自动地退到了一边，自己聊天去了。

三个人感触颇深。因为他们陪小国王在民间转了一圈之后，发现小国王还真接受了不少教育。现在他对数学已经不再那么反感了，而且还下令恢复了很多数学运算。

“可这又有什么用?”李晓文不满地说道，“袁园圆还建议小国王把数学作为一门学科来恢复呢，他不还是没同意!”

“尤其是我建议小国王‘对电脑也要一分为二地看，而不要一概予以否定’的时候，他可是一口就拒绝了。”袁园圆补充说，“再多劝他几句，他就会露出十分不高兴的神情来。”

“其实恢复不恢复数学也无所谓吧。”没想到一向数学很好的张晓数却十分大度，“到需要的时候小国王自然会明白的。”

“可我有个预感……”袁园圆思忖道，“我们必须依赖电脑才能回去，没有电脑我们就回不去。”

——其实在刚刚开始跟随小国王微服私访的时候，袁园圆就想到了这一点：她事先居然没让“CH 桥”在两个小时之后自动退出虚拟状态！她把这个问题告诉了李晓文和张晓数，他们俩也没有办法，商量的结果是只能走一步看一步，必要的时候还要请小国王帮忙。不过好在虚拟世界与现实世界的时间流逝速度不同，这里的 1 小时大约等于现实世界的 1 秒钟，所以他们至少可以在这里待上 7200 小时——300 天！10 个月！将近一年了！

“这个我倒是同意。”张晓数同意袁园圆的说法：没有电脑就回不去现实世界。

“那就只能走一步看一步了。”李晓文也没有更好的办法，语气里流露出灰心，“希望实在是渺茫啊。”

“不要这么灰心嘛。”张晓数倒是挺有信心的，“什么事都得一步一步地来，我们不可能一下就让小国王改变固有的想法，但是我相信，早晚有一天他会彻底改变的。”

“我真不知道你的信心是从何而来的。”李晓文讽刺道。

“因为我坚信，人类社会绝不可能离开数学。”张晓数严肃地说道，“再说灰心也解决不了任何实际问题。”

要是在平时，小国王看到他们三个人凑在一起嘀嘀咕咕，肯定也会挤进来搭话。可是这会儿，他的将军刚刚赶来，正在向他汇报紧急军情，小国王听得十分专注，因此也就无暇顾及其他了。

将军与小国王低语了一阵之后，两个人的声音渐渐大了起来。接下来，小国王又陷入了沉思。李晓文、张晓数和袁园圆听了一会儿，才弄明白了大体情况。原来电脑控制的机器人正在酝酿一次大规模的进攻，但人类这一方的军队不足，尤其是缺少有经验的军官，恐怕很难抵御机器人的这次进攻。

“我们啊！”听到这里，李晓文十分兴奋，“有我们啊！”

“你说什么？”小国王的沉思突然被打断，一时不明白李晓文在说什么。

“我是说我们可以帮陛下指挥军队！”李晓文仍旧十分兴奋。他自幼喜欢军事，有这样一次实战的机会自然不肯放过。

“呵呵，这可不行，打仗可是专业性很强的事情。”没想到小国王一口回绝，“这可不是玩数学。”

“可打仗……”张晓数虽然不喜欢打仗，但却不同意小国王对数学的偏见，因为他认为打仗肯定也需要数学。

“别说了，我知道你要说什么——打仗也需要数学。”小国王聪明得很，马上知道张晓数要说什么，“可打仗毕竟是打仗，它就是再需要数学，也还是一种专门技能，并不能拿另外一种技能来取代。”

“陛下说得有道理。”张晓数想了想，觉得小国王说的也确实没错。

“不过你的话提醒了我。”小国王看着李晓文点点头，然后又对将军说道，“既然现在缺少指挥官，我也应该为国家贡献我的特殊技能——我也应该成为一名亲临战场的指挥官。”

“难道陛下就真的懂得怎么打仗吗?”袁园圆表示怀疑，“陛下可与我们的年龄差不多啊。”

“这可不是年龄的问题。”小国王笑了起来，“我毕竟跟随父王多年，耳濡目染的，怎么也懂得一点皮毛。”

“原来我们连皮毛都不懂。”李晓文说这话的时候多少有点不满。

“怎么样，将军?分派任务吧。”小国王对将军说道，“我可以独立指挥一支队伍，从现在开始，我就是你的手下。”

“那怎么行?”将军连忙下跪，“这可是万万不能的啊。”

“非常时期，有什么不能?”小国王严肃地说道，“君臣之间的关系重要，但国家的安危更重要，我现在命令你必须这样做。”

“听到没有，陛下命令你必须命令他。”李晓文在一旁帮腔。

“这都什么乱七八糟的?”张晓数低声嘟囔，“简直就是悖论。”

“悖论?又是数学名词吗?”小国王先是被吸引住了，但马上意识到了自己的责任，“先不说这个了，怎么样将军，快给我分派任务吧。”

“这个……”将军这下可真犯了难，“陛下说的虽然不错，可陛下的安危意味着国家的安危，我怎么能让陛下亲自率领一支部队去拼杀呢？”

“这还真是个问题。”袁园圆也帮着将军发愁。

“要不这样吧。”将军突然想出了一个好主意，“陛下就负责临时指挥所的工作吧。这样既比较安全，也解决了临时指挥所缺乏军事官员的问题。”

“可陛下本来就是全军的指挥官啊。”李晓文觉得将军的安排好奇怪，“难道这还用你安排吗？”

“不同的。”张晓数听明白了将军的意思，“原来小国王是将军的上级，统理全局；而现在，小国王要具体地负责

临时指挥所的军事事务，暂时成为将军的下级了。”

小国王赞许地点点头。而将军则对张晓数称呼国王陛下为“小国王”感到十分新鲜。

“那就这么说定了。”将军说道，“陛下，那么属下就斗胆请你暂时做我的下级了，负责临时指挥所的具体事务。”

“没问题。”小国王拍拍胸脯，“保证完成任务。”

“陛下需不需要一些人？”将军正在为了这个事情犯愁，“临时指挥所早就没什么人了，几乎所有的人都到前线去了。”

“他们可以帮我。”小国王回手指了指李晓文、张晓数和袁园圆，“虽说他们没有军事经验，但在我的指挥和带领下，估计很快就能成为几名合格的军事人员的。”

“嘿，我们还成了军校的实习生了。”张晓数说道。

“能参加战斗就行！”李晓文可不在乎那么多。

“那我们是不是要马上回新王宫？”袁园圆问道，“临时指挥所一定是设在那里了。”

小国王听罢不禁哈哈大笑。

调兵遣将

但是这次与机器人作战情况比较特殊，所以在作战部队的队形安排上出现了很多新问题，要重新“排兵布阵”。

“你笑什么?”袁园圆奇怪地问道，“难道临时指挥所不是设在新王宫吗?”

“当然不，那样的话就喂导弹了。”小国王大笑着说道，“其实新王宫只不过是一个伪装，为的是吸引敌人的注意力和火力。”

“那当初你还那么认真地设计?”张晓数十分惊讶。

“那只是一个设计而已，为的是战争胜利以后开展重建工作。”小国王解释道，“而现在，用的虽然也是那个设计，但建筑材料却非常一般，只是为了盖起一个大概的样子，以吸引敌人的火力而已。”

“陛下真是老谋深算啊。”李晓文佩服道，“陛下当初还说什么下面能做老百姓的掩体。”

“下面还真能做老百姓的掩体。敌人的导弹炸毁上面的新王宫后，它们的卫星一定能发现这是个假的王宫，也就不会再浪费精力了，那么下面的老百姓就安全了。”小国王认真地解释起来，“另外别用什么‘老谋深算’之类的词，我还没那么老呢。”

战区分好了，下一个问题就是分派军队，需要向不同的战区分派部队。好在老国王在世的时候，军队管理都非常严格，而且经常演练，所以分派工作很快就完成了。但是这次与机器人作战情况比较特殊，所以在作战部队的队形安排上出现了很多新问题，要重新“排兵布阵”。

“这个我可拿手啊！”李晓文一听到这个，马上就变得十分兴奋，“玩电脑游戏的时候，我经常靠布阵打败对手！”

“嗯？”说者无意，听者有心。李晓文无意中说出了“电脑”，惹得小国王皱起了眉头。

“我是说……我是说……”李晓文连忙为自己的话辩解，“我经常靠布阵打败电脑玩家。”

“这还差不多，你的这个本领倒是可用。”听到这话，小国王眉头上的疙瘩才解开，“不过我估计你没见过我们这里的布阵方法。”

当小国王拿出布阵的工具时，李晓文还真有点傻了眼。因为小国王拿出了一大把火柴。

“这里可真落后啊。”袁园圆悄悄地对张晓数说道，“我爸爸都用打火机了，这里还用火柴。”

“你知道什么！”小国王不满意了，“这只是临时替代物，我们过去才不用这么简陋的布阵工具呢，过去我们都是用电脑……”

“用什么?”张晓数故意追问。

“没什么没什么，赶紧工作吧。”小国王意识到自己说漏了嘴，于是赶快转移话题。

除了那些火柴棍，小国王还拿出了一张示意图，那上面标明了每个战区里各部队原来的阵势。小国王按照图示的情况，用火柴棍分别摆出示意图上的图形，然后告诉大家说，一根火柴棍代表一支部队，现在要用尽量少的调动来完成部队的布阵工作。

“时不我待啊。”小国王向他们几个解释调动行动要尽量少尽量快的原因。

“现在这些队伍好像都是按照一种阵势驻扎的。”李晓文发现了这个特点。

“不错。”小国王继续摆放火柴棍，“12 支部队……算了，这样说起来太麻烦，就是说 12 根火柴吧。现在用 12 根火柴搭成 4 个相等的正方形，同时它们还构成 1 个附加的大正方形。现在，我们要把这几个战区的部队重新布置一下，让它们的阵势变成其他样式的。”

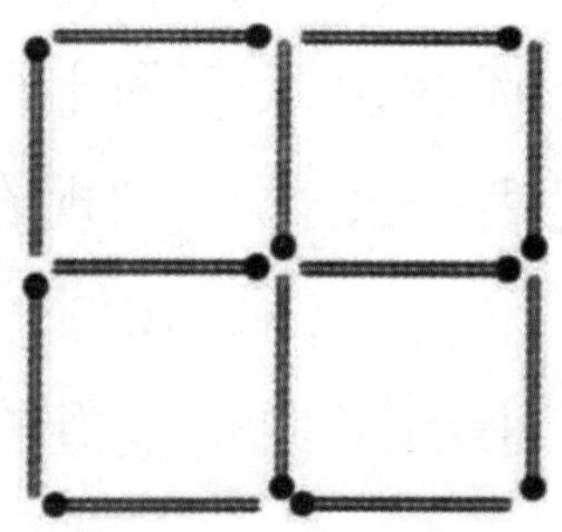

“第一战区的要求是撤走两支部队……”李晓文开始琢磨陛下的要求，“算了，这样说起来真的很麻烦，还是说火柴棍吧。第一战区的要求是：拿掉 2 根火柴，其余火柴不动，要求形成 2 个不相等的正方形。”

“第二战区的要求是——”张晓数也开始琢磨下一个要求，“移动 3 根火柴，要求形成 3 个相等的正方形。”

“第三战区的要求是——”袁园圆则开始琢磨第三个要求，“移动 4 根火柴，要求形成 3 个相等的正方形。”

“那我来处理第四个吧。”小国王也陷入了深思，“移动 4 根火柴，要求形成 10 个正方形。”

只要深入思考，这些问题并不是很难解决。所以很快，四个人就各自得到了正确的答案。

“下面这个好像要稍微麻烦一点。”袁园圆翻看了下面

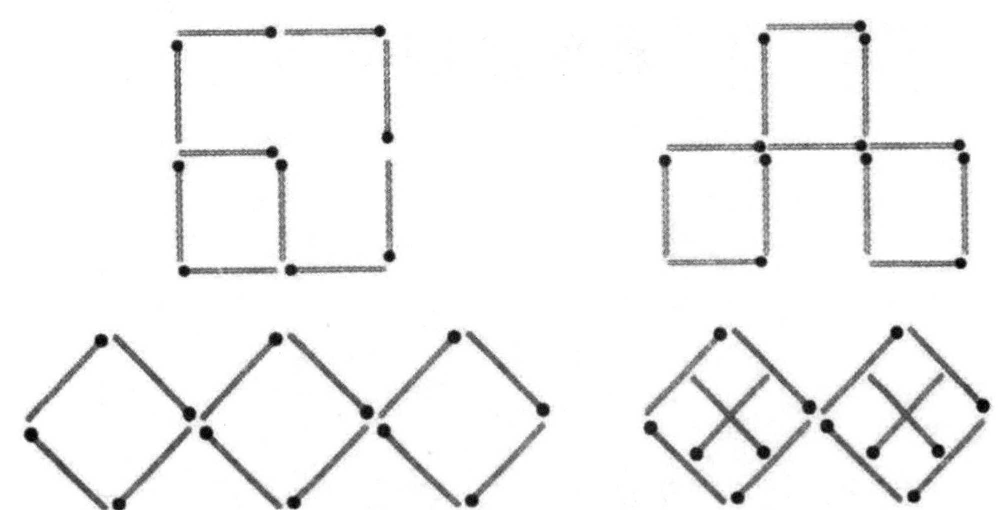

一个要求。

“这里是中央战区，要进行大规模的交战。”小国王告诉袁园圆。

“用 9 根火柴搭成 6 个正方形。”袁园圆还在研究着那些要求，“这个恐怕不太现实吧。”

“这些部队都本领高强，训练有素。”小国王连忙做出解释，“可以穿插作战，不会发生混乱。”

“陛下的意思是说，这些火柴可以一根叠放在另外一根上面？”张晓数马上明白了小国王的意思。

“不错。”小国王很满意张晓数那迅速的反应。

几个人想了一会儿，也很快就得出了答案。

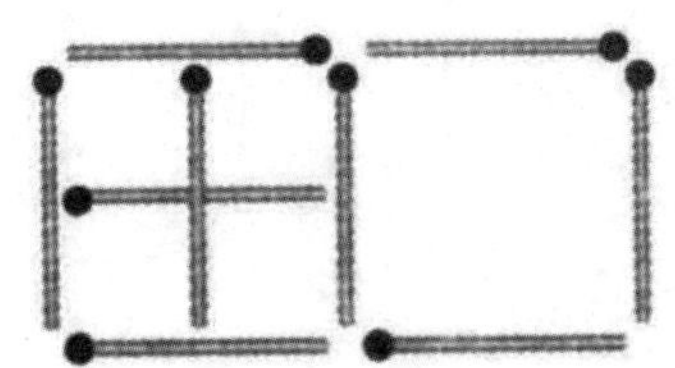

海军、空军和导弹部队

袁园圆一看也乐了，原来图上的35艘军舰被排列成一个“螺旋线”样的图形。

“下面我们来看海军。”小国王拿出另外一张图。

“嘿，海军！”李晓文更加兴奋，因为他很迷恋海军。

“不过这些军舰现在的阵势可够怪的。”张晓数看了一眼那张图道。

袁园圆一看也乐了，原来图上的35艘军舰被排列成一个“螺旋线”样的图形。

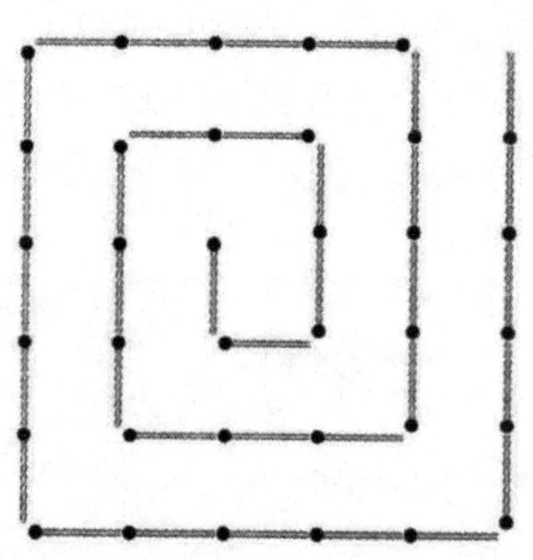

“它们平常就是这样布阵的。”小国王解释说，“但是与电脑控制的舰艇作战，必须能够互相照应，所以需要布成三个正方形的阵。”

“条件是什么?”袁园圆问道。

“只调动 4 艘军舰。”小国王补充道。

这次是李晓文首先得出了答案，看来他对海战确实有两下子。

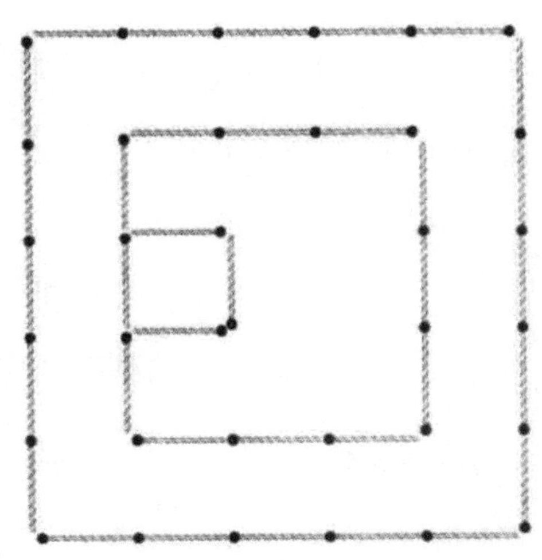

“下面是不是该空军了?”李晓文意犹未尽，“我对空战也很内行!”

“不错，空军。”小国王点点头，然后指着下一张图说，“为了防止机场被攻击，现在空军都已经上天了，形成一个立体化阵势，大体的情况是这样的。”

李晓文看了看那张图，发现是由 8 架飞机构成，有些还是上下两层的关系。

“陛下只有这么一点空军吗?”李晓文小心翼翼地问道。

“不错。”小国王点点头，“即便是这么一点空军，还要再抽掉 2 架，用于保护新王宫。”

“新王宫不是一个伪装吗！”袁园圆大叫起来，“那还保护它干什么？”

“正因为是伪装，所以才更需要保护。”小国王意味深长地说道，“这样敌人才能相信它不是一个伪装。”

“那要求是什么？”李晓文感到挺棘手的，“调走 2 架飞机之后，应该摆成一个什么样的阵势？”

“3 个正方形吧。”小国王说的有些犹豫——也不知道他是对这个阵势表示担忧呢，还是担心这么几架飞机排不出相应的队形来。

但李晓文到底能干，他三下两下就把这 3 个正方形排了出来。不但小国王对他佩服得五体投地，连张晓数都对他刮目相看了。

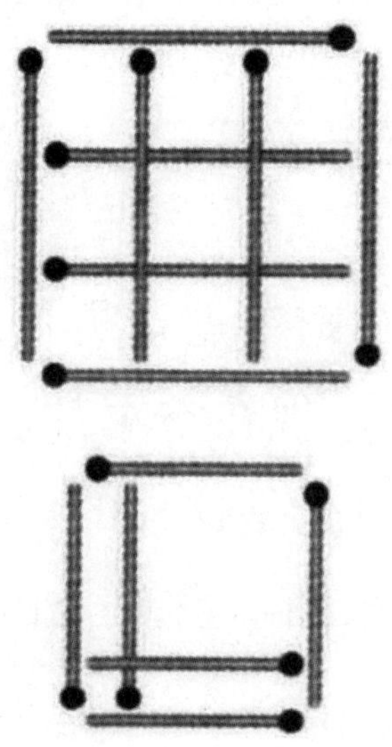

“这还不是小菜一碟?”李晓文有些得意忘形了。

“你先别着急得意，这还有一个导弹部队的安排呢。”小国王拿出最后一张图纸。

“陛下居然还有导弹部队?”张晓数真的感到有些惊讶了，因为导弹部队无论如何是离不开电脑的啊。

“还有一点儿。”小国王好像有点不好意思。也不知道他是秘密下令保留这最后一点电脑技术呢，还是他有什么别的“土办法”来处理这些导弹?最后张晓数决定还是不问了，给小国王留一点面子。

“要求是什么?”李晓文真的有些不知天高地厚了。

“导弹技术比较复杂，有些还是保密内容，咱们就不具体说了。”小国王越是说得含糊，张晓数越是坚信里面有什么隐情，“咱们就用火柴棍来说事吧。”

“用火柴棍说也行。”没想到本来就喜欢军事的李晓文，现在居然喜欢起数学问题本身了。

“你注意看啊。”小国王又拿出一些彩色胶泥来。“给你3根火柴和一些胶泥，你应该可以把它们连成一个等边三角形。”

“原来就是这个啊，太简单了。”李晓文一边说一边就动手做好了那个等边三角形。

“别着急，这不是问题，只是前提的一部分。”小国王连忙说道，“现在，我给你9根火柴以及再多一些的胶泥，让你把它们……”

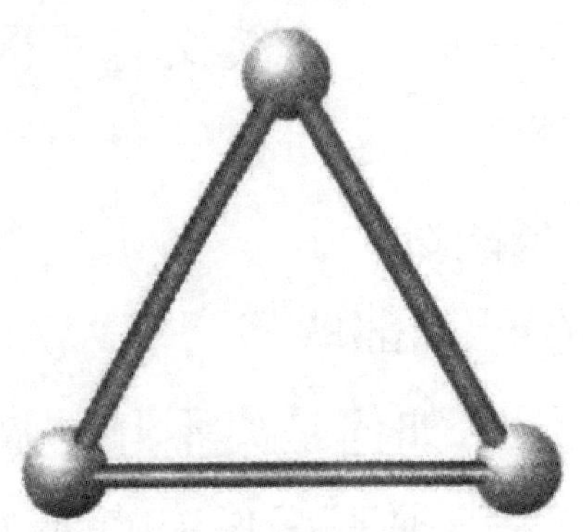

“连成3个等边三角形是吧?”李晓文一边说一边又动手做起三角形来,“举一反三的事。”

“当然不是，这么简单还用你吗?”小国王拦住李晓文,

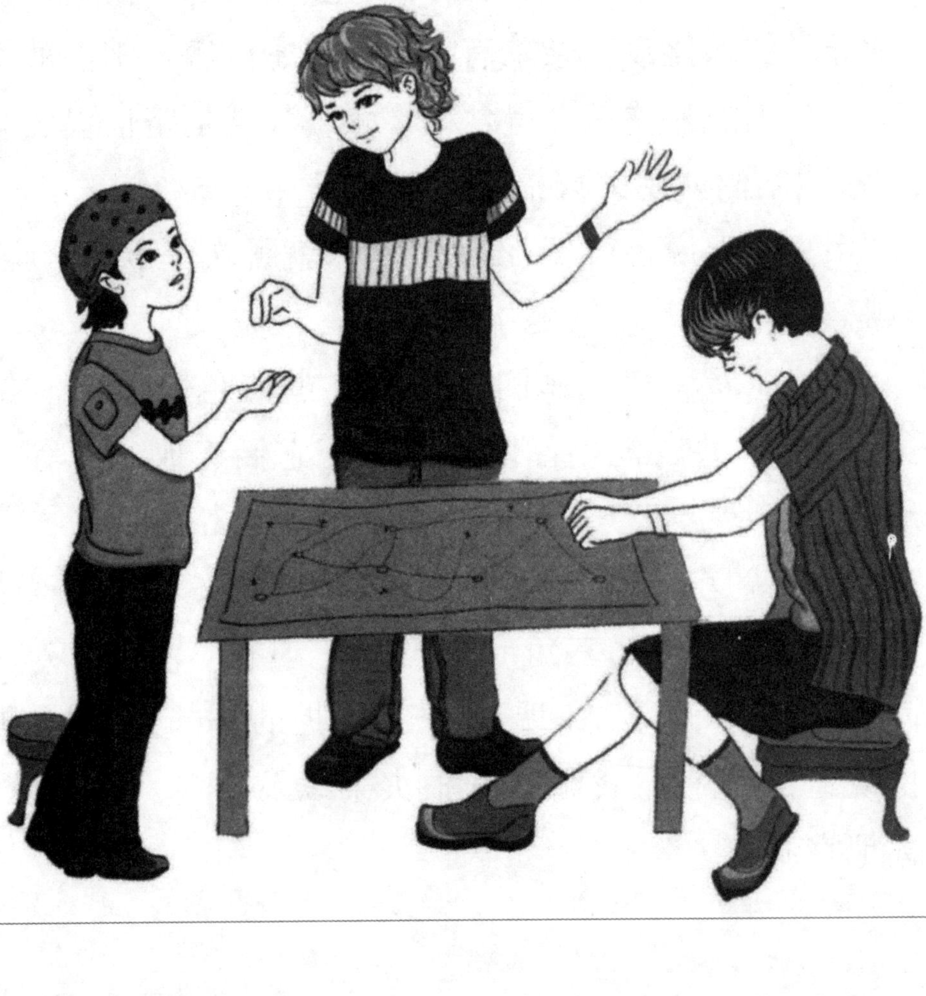

“要用这 9 根火柴，做出 7 个等边三角形来。”

“早说啊。”李晓文一边说一边重新连接那些火柴棍。

“好像不大容易啊。”袁园圆在一旁说道。

“这这这……这哪里是不大容易，根本就不可能嘛。”李晓文摆来摆去摆不出来，“顶多只能摆出 4 个等边三角形来。”

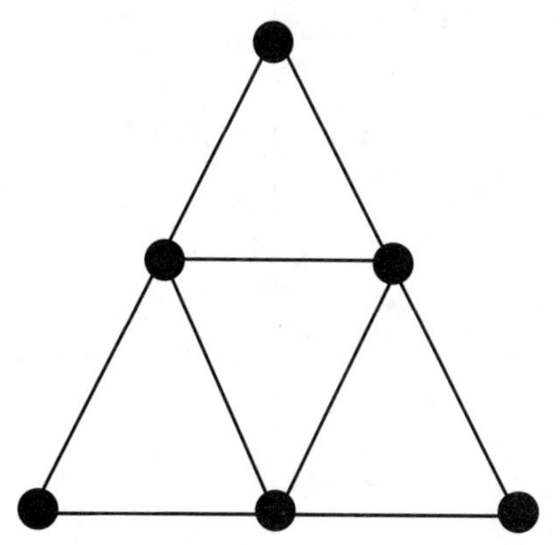

“我想还是有办法的。”张晓数从李晓文手里接过那些火柴和彩色胶泥，“这个问题比较关键的是：为什么要给我们一些胶泥？”

“为什么？”李晓文不解地问道。

“那就是说，想要解决这个问题，就不能把思路局限在一个平面上。”张晓数认真地对李晓文说道，“也就是说，不能把 7 个三角形都放在桌面上，必须‘向空间发展’。”

“请。”李晓文猜张晓数已经想出了办法，但他懒得多动脑子，示意张晓数赶快给出答案。

“看，应该这样。”张晓数一边说一边已经在手上做出了那个“模型”。

李晓文看到，在张晓数手里是一个带公共底的两个棱锥体。他仔细一数，果然有 7 个三角形。

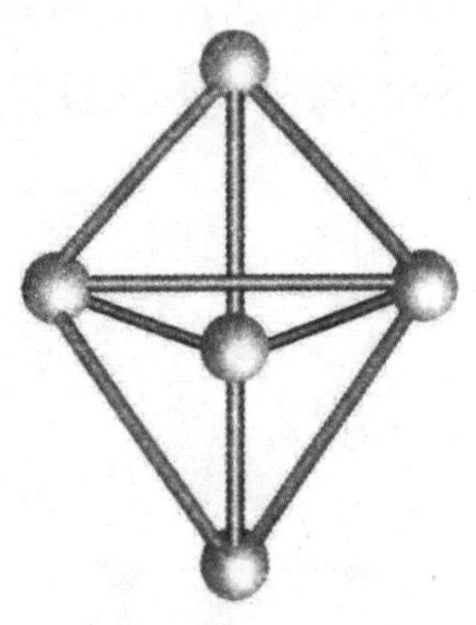

有粮，有水，有空气，还有药品

“其实主要是思路。”张晓数谦虚地承认，“只要思路对头了，问题就迎刃而解了。”

“军队的任务分派工作终于完成了。”袁园圆长长地舒了一口气，“这下可以好好歇歇了。”

“歇歇？”小国王看了袁园圆一眼，“真正的麻烦还在后面呢。”

“还有什么麻烦？”袁园圆伸出的懒腰停在了半空中。

“有句古话——”小国王说道，“兵马未动……”

“粮草先行！”李晓文抢先答道。

“对。”小国王赞许地点点头，“可现在别说先行，就是划分好各部队粮草的工作还没有进行呢。”

“这好办，咱们来分就是了。”张晓数踌躇满志。

“只怕是没有那么简单。”小国王摇摇头。

说话间小国王便带着李晓文、张晓数和袁园圆来到了一些物体前，它们都有着奇怪的几何形状。

“这是什么？”袁园圆问道。

“这就是国库的粮食，我们管它叫‘粮形’。”小国王解释说，“这是国家囤粮的方法。”

“为什么要做成这个样子?”袁园圆有些惊讶。

“你问我，我问谁去?”小国王心里的怒气好像很大，“还不都是那些电脑干的!”

“也许便于伪装吧……”李晓文猜测道。

“做成这些几何图形还便于伪装?”张晓数不同意这种说法，“我看更容易被发现才是。”

“我们也想到了这个问题。”小国王诡秘地一笑，“我们也怀疑电脑当初就有这个目的，所以我们毁掉了原始的坐标图，并且在附近加了电子干扰，结果电脑反叛部队就找不到这里了。哈哈!”

看着小国王那得意的样子，袁园圆觉得他真的还是个孩子——不应该做一个国王。

“别废话了，我们赶快动手吧。”张晓数建议大家，“陛下你打算怎么分这些粮草啊。”

“等分呗，这还有什么可说的。”小国王指着一片三角形“粮形”说道，“这个要分成4份，陆军、海军、空军、导弹部队各一份。”

“把它打散了称称不就完了?”李晓文嘟囔道。

“打散了太费劲吧，而且这些粮草也太多了。”袁园圆摇摇头。

“再说运输起来不方便。”小国王也表示不同意，“所以必须截成4个完全一样的图形。”

“完全一样？”袁园圆重复道，“也就是说图形经过旋转，各部分都能完全重叠和吻合？”

小国王点点头。

“可为什么非要这样？这样运输起来就容易了？”李晓文简直想不通这对运输来说有什么方便的。

“总之这是规矩！”小国王干脆不再解释。

“这可够难的。”李晓文抱怨起来，“这都什么破规矩！”

“别说了，尊重他们的规矩吧。”张晓数劝李晓文道，“再说也没有什么难的，我已经想出办法了。”

张晓数说着，顺手画出一个三角形，然后在它里面画了一个倒着的小三角形，果然把原来的大三角形分成了完

全一样的 4 个部分。

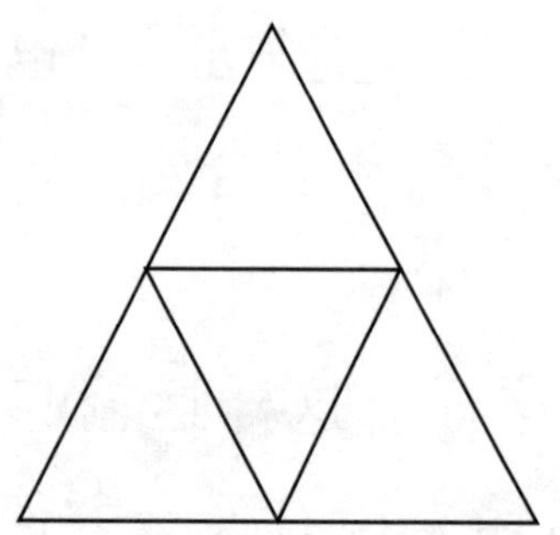

“嗯，不错。”小国王满意地点点头，“再看看这个。这个是水，也要分成 4 份。”

“水怎么比粮食还少?”看着那个呈梯形形状的“水形”，李晓文产生了疑问。

“这些都是纯净水，是用来对付特殊情况下的问题的。”小国王解释说，“平时士兵们有净水片，可以就地取水。”

在小国王与李晓文说话的时候，张晓数一直在凝神思考。他画出一个梯形的示意图，然后在上面勾来画去，就是分不清楚。

“再用上回的方法怎么样?”袁园圆在一旁提醒道，“再在里面画一个小梯形试试看。”

“我已经试过了，好像不行的……”可张晓数经袁园圆这么一提醒，突然想到了另外一种可能，“天啊！可以这样的!”

小国王和李晓文连忙凑过来看，发现张晓数在梯形里面的下方画了一个小梯形，然后在它的上面又画了一个与它“头顶着头”的倒着的小梯形。这样一来，原来的大梯形就被分成了完全一样的 4 个部分。

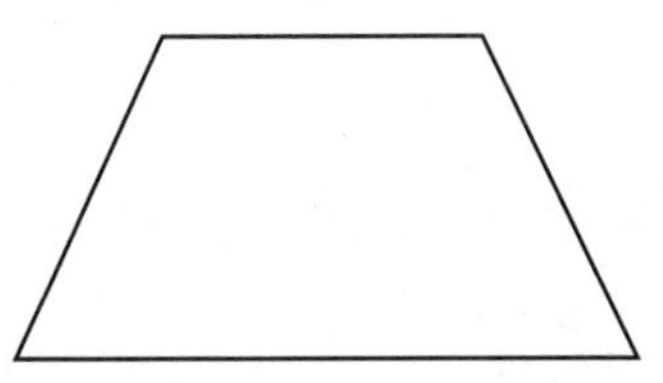

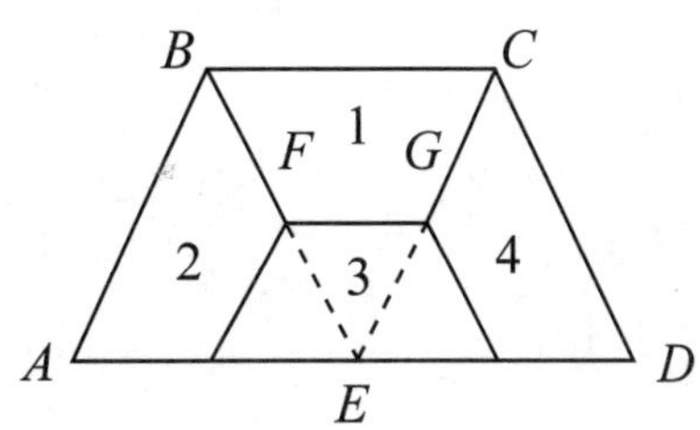

“漂亮!”小国王对张晓数伸伸大拇指，“咱们再接着来。”

下一问题是氧气等物资的划分。由于担心电脑有可能操纵机器人使用化学武器或者生物武器，所以人员必须做好自我保护。这次要划分成 6 份，除了陆军、海军、空军、特种部队，还包括国王的近卫队和政府机关人员。

“刚才那些物资不需要分给王宫近卫队和政府机关人员吗?”李晓文提出一个疑问。

“王宫近卫队和政府机关人员总共没有多少人，也不需

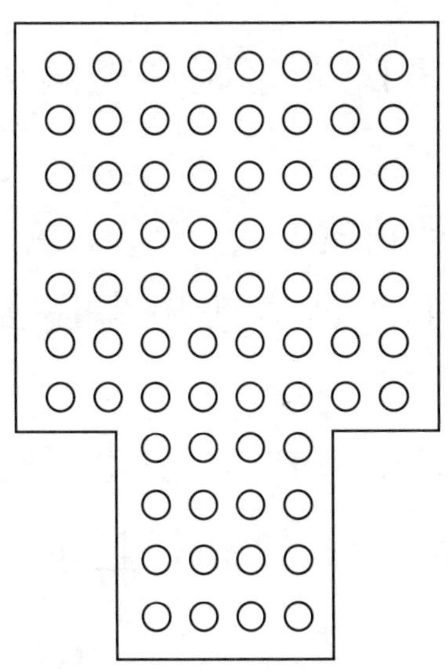

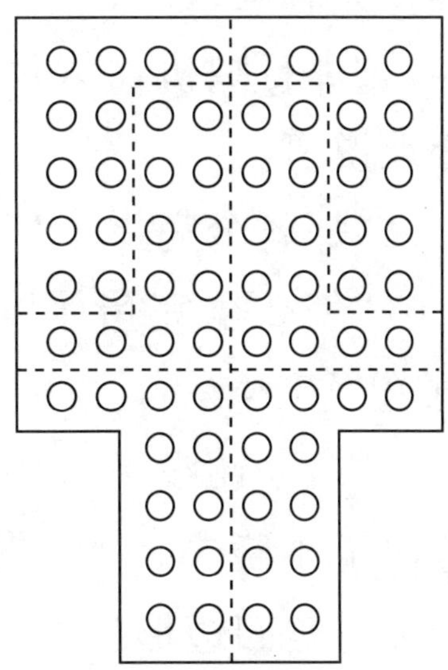

要多少物资，他们的物资由其他部门提供，不列入军备物资。”小国王解释说，“但是应对化学战和生物战的物资却一点也不能少！”

于是张晓数再次开始划分。这次实在是有些难了，他皱着眉头思考了半天，但最终还是解决了。

“最后的问题了。”小国王指着一个六边形说道，“药品。有一部分部队的药品要在这里装备……”

“您就直接说多少份吧。”袁园圆懒得听小国王讲那些具体的战略分配问题。

“12 份！”小国王果然简洁地说道。

“12 份？您不是在开玩笑吧？”李晓文惊呼起来，“这也太简单了！”

李晓文话音未落，手下已经几下就把 12 份给划分好了。

“我的部队要是都像你这个速度执行命令的话……”小国王笑着说道。

“那打败机器人反叛者就指日可待了！”李晓文充满信心地说道。

“那就全完蛋了！”小国王接着把话说完。

“怎么全完蛋了？”李晓文不明白，“难道效率高还不对吗？”

“命令还没下达完就执行，还能不完蛋？”小国王不屑地白了李晓文一眼，“我要说的是，等分成 12 份，且每一份都得是四边形！”

“倒是早说啊。”李晓文嘟囔道。不过这次，他可是绞尽脑汁也想不出来了。

“还是我来试试吧。”张晓数上来解围，他也想了一会儿，但还是很快地想了出来。

“这想法简直太漂亮了！”小国王不禁赞叹。

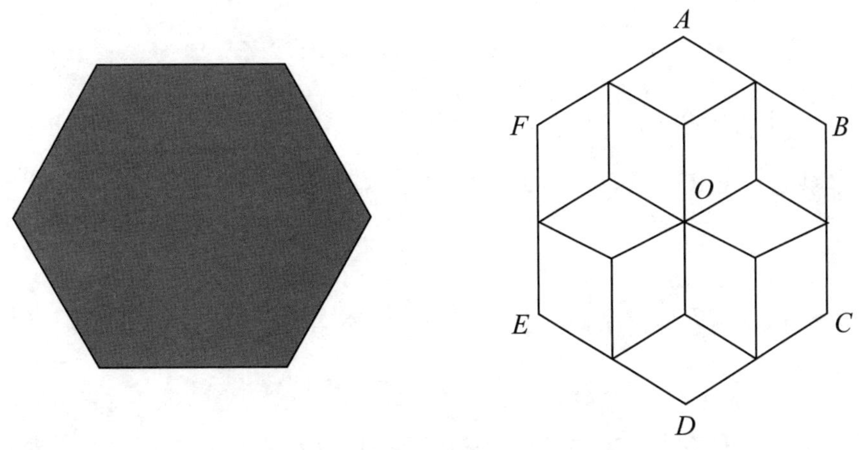

“很有点立体感啊！”袁园圆也表示欣赏。

“原来这么简单！”李晓文不得不佩服张晓数，“我怎么就想不出来呢？”

“其实主要是思路。”张晓数谦虚地承认，“只要思路对了，问题就迎刃而解了。”

居然敢挡国王的专列

透过列车的车窗，李晓文不但看到了美丽的国土，也目睹了战争造成的满目疮痍。

“好了，物资分完了，可以运输了。”李晓文催促小国王。

可他没想到，就在他与张晓数对话的同时，小国王已经下达了运输物资的命令。现在运输物资的火车正在向这里驶来。

就在这时，小国王得到报告，说前线吃紧，需要他马上亲临前线指挥。

小国王得到报告后打算马上动身。

“前线可很危险啊……”袁园圆想要劝阻。

“我必须亲自率领我的士兵为我的祖国而战！”小国王坚定地说道。

小国王的勇敢感染了李晓文他们，三个人马上跟着小国王登上了开赴前线的列车。

透过列车的车窗，李晓文不但看到了美丽的国土，也目睹了战争造成的满目疮痍，不禁唏嘘感叹，摇头不止。

其实小国王的部队执行起命令来也还是很有效率的。李晓文正在观看窗外的情形时，对面突然开来一辆列车，他连忙把头缩了回来。

“嘿，吓了我一跳!”

“这些火车应该是去运输粮食的。”袁园圆分析道。

“真够长的!”对面的火车半天才开过去，李晓文不禁生出感慨。

“足有 250 米长。”小国王插话道，“我们国家的火车差不多都是这个统一长度。”

“咱们是坐在列车中部吧?”袁园圆突然问道。

“是啊，怎么了?”小国王回答道，“这个位置是最安全最舒适的位置了。”

“我倒是想知道，从两辆列车的司机相遇开始，直到两辆列车最后的车长见面，一共需要多少时间。”

“你要早有这个想法就好了，至少咱们刚才可以计一下时。”李晓文说道。

“现在才有这个想法也不算晚，咱们可以计算出来。”张晓数很有点“数学能够解决一切”的豪情壮志。

“好像缺条件吧?”李晓文怀疑这种豪情壮志，“你不知道火车的速度。”

“每小时 45 千米。”小国王适时地帮了张晓数一把，“这个我知道，也是正常情况下统一的速度。”

“你说这个小国王，不喜欢数学吧，全国还什么都统一标准。”李晓文小声对袁园圆嘟囔道。

袁园圆没理睬李晓文，因为她现在所有的注意力都集中在列车相遇的问题上面了。

“那就好办了，这问题简单多了。”张晓数连纸笔都不用，直接口算加心算地计算起来，“在两辆列车司机相遇的时候，列车尾部的两位车长之间的距离是……”

“250 米加 250 米！”小国王抢先说道，看来对于简单的数学他还行，而且已经不太排斥了，“也就是 500 米！”

“不错。”张晓数很高兴小国王这样做，“既然现在每辆列车都以时速 45 千米的速度前进，那么列车尾部的两位车长就是在多高的速度下前进呢？”

说到这里，张晓数故意停下来，等待小国王的补充。

可这下小国王犯了难，也许他对相对速度的概念还有些陌生。结果还是袁园圆给他解了围：

“每辆列车都以时速 45 千米的速度运行，那么位于列车尾部的两位车长就都是以 45 加 45 也就是 90 千米的时速前进。”

“时速 90 千米，也就是……”李晓文本来也想心算，但毕竟比张晓数的水平还差一些，不得不拿出纸笔，最后终于算出这个速度：等于每秒 25 米。

“这就好办了。”张晓数利用李晓文算出的结果继续计算，“那么这个时间就是 500 除以 25，也就是 20 秒。”

“真是转瞬即逝啊。”袁园圆感叹道，“就好像人生中无数次的与别人擦肩而过一样。”

听到袁园圆对人生的感喟，大家都不再说话，耳边只留下隆隆的火车声。

在火车的颠簸和震动下，人是很容易睡着的——对于小国王来说也同样，尤其是在做了一点数学计算之后。

虽说是如此简单的一个计算！

睡着睡着，小国王突然感觉有些不对。他睁开眼一看，列车居然是停着的。他连忙起身咆哮起来："火车怎么停了？不知道我急着要赶往前线去吗？"

小国王这一喊，李晓文、张晓数和袁园圆也都醒了，纷纷把头探出窗外，想看看发生了什么事情。

司机战战兢兢地前来报告，原来前面有个车头挡住了去路。

“让那个混蛋司机过来见我!”小国王下命令道。

过了一会儿，那个“混蛋司机”同样战战兢兢地来见小国王。

“你是不是想被军法处置啊?”小国王的语气比刚才平静了一些。

“陛下恕罪!”那司机连忙跪下乞求小国王开恩,“属下不慎挡了陛下的专列，实属无奈。属下马上把车头开走，让陛下的专列通过。”

“哦?你还实属无奈?我倒想听听究竟是怎么一回事。”

小国王现在已经不那么冲动了，因为列车正好利用这段时间加加水什么的，反正列车也到了该停下“吃饭”的时间了。

那司机还在害怕，哆哆嗦嗦地说了半天，小国王他们才听出个大概来。

原来，在小国王的专列前方本不会出现这种问题，因为那里有两条供列车调度的支线，根本不会出现“堵车”的问题。但是由于战时需要，这两条支线上分别停着两辆不同颜色的车厢，是用来给空军当标志的。

“那也不会影响到我的专列啊?”小国王有些奇怪,“你把车头随便开到哪条支线上不就行了，长度也足够的。”

“不是这个问题啊，陛下。”那司机解释道,“属下的属下都是临时征集来的百姓，不懂军事部署，不但把两个不同颜色的车厢给放反了，就连车头的方向也弄反了！这样一来，空军看到了错误标志，可要出大麻烦的!”

“什么！那还不快给我调过来！”小国王知道国家的空军很宝贵，生怕它出一点差错，所以一听就急了。

“所以属下正在琢磨这事，可来回调了好几次就是调不好，没想到陛下的专列就到了……”

“那还不赶快给我调好！”小国王又发火了。

“慢！”袁园圆突然说道。

“你要干什么？”小国王对有人敢于抗拒或者怂恿别人抗拒自己的命令十分反感，不满地看着袁园圆。

但袁园圆没回答小国王的话，而是拿着一块纸巾递给那个司机，同时慢声细语地对他说道：“司机师傅，你这样让火车在轨道上调来调去，多麻烦啊。不仅容易挡别的列车的路，还浪费了不少燃料，累得满头大汗。”

今天一早，那司机一听说车厢摆错了，就着急得不得了；后来又听说自己挡了陛下的专列，就更是害怕得不得了。早晨出了一脑门子热汗，刚才又出了一脑门子冷汗，现在满头满脸都是汗。可小国王一发火，他哪还顾得上擦汗啊。现在一听袁园圆这番关心的话，一拿到这块纸巾，眼泪一下就下来了。

“其实我看啊——”袁园圆这才把脸转向小国王，“根本不用把车头开来开去的，先在图上演示一下多简单。”

“就是就是！”小国王觉得这个方案不错，“你把车头开到支线上去，先让我们过去，然后在图上演示演示，再弄不好我要你的脑袋！”

“是！”那司机转身要走。

“慢!”没想到袁园圆再次把他拦住。

“你又要干什么?”小国王奇怪地看着袁园圆。

“咱们何不帮他把这个问题解决了再走呢。”袁园圆微笑着看着小国王,“否则他又要急得满头大汗了。反正，咱们的列车还没‘吃饱’呢。”

“说的也是啊。”小国王想了想，觉得袁园圆的方案也不错，就同意了,“不过，具体工作好像还得你来干。”

小国王看着张晓数说道。

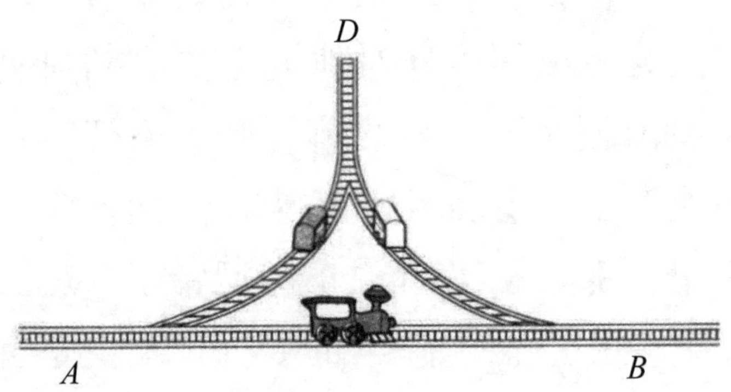

刚解决完火车又遭遇大炮

结果袁园圆和李晓文的加盟也没能使行车次数减少，他们各自又找到一个方法，但也都得花费 10 次的时间。

小国王没想到的是，张晓数已经开始在画图了。从袁园圆一说要帮那司机解决问题，他就知道这担子肯定要落在自己肩上。所以没等小国王吩咐，就先自己画起示意图来。

其实这个问题本身并不复杂：铁路干线 AB 和两条短支线 AD 与 BD 形成一个三角形。现在主干线 AB 上停着那辆车头，车头的朝向是右面。只要它绕着三角形开上一圈，车头的方向就可以反过来了——在左面了。

可现在摆在这位司机面前的还有另外一个问题，他还得把 AD 和 BD 支线上的车厢互相对调一下位置：把 BD 支线上的白车厢调到 AD 支线上来，把 AD 支线上的红车厢调到 BD 支线上来，而最后，车头还得回到原来的位置上。

就是这点问题，张晓数也是向司机问了半天才问清楚的。刚才他已经忙得晕了头，又被小国王给吓了一下，脑子有点糊涂也情有可原。

张晓数经过实地考察还发现，道岔后面的尽头线 D 上只能停一节车厢或一辆车头。

“还真有点费劲啊。”张晓数边说边开始在纸上画起来。

“你可得快点啊。”袁园圆在张晓数耳边说道，“小国王可有点着急了。”

“没问题，我最多只要 10 次就能解决这个问题。”

“10 次怎么算?”李晓文问道。

“把每挂一次车和每摘一次车算是一次啊。”张晓数回答说,“你来看。”

于是张晓数把自己的步骤解释给李晓文和袁园圆听。

1. 把车头开到 BD 线上，挂上“白”车厢，把它带到尽头线 D；

2. 把“白”车厢带到尽头线 D 后，就把“白”车厢留在尽头线，车头开到 BA 线上；

3. 沿 BA 线开到 AD 线上，挂上“红”车厢，把它带往尽头线 D；

4. 再挂上“白”车厢，然后带着“红”“白”两节车厢开到 AB 线上；

5. 将“白”车厢留在 AB 线上，再带着“红”车厢开到 AD 线；

6. 将“红”车厢带到尽头线 D，把它留在尽头线，车头回到 AB 线；

7. 再挂上“白”车厢，把它带到 AD 线；

8. 将“白”车厢留在 AD 线上，车头经 AB 线开到 BD 线；

9. 挂上“红”车厢，把它拖到 DB 线；

10. 将“红”车厢留在 DB 线上，车头回到 AB 线上的原来位置。

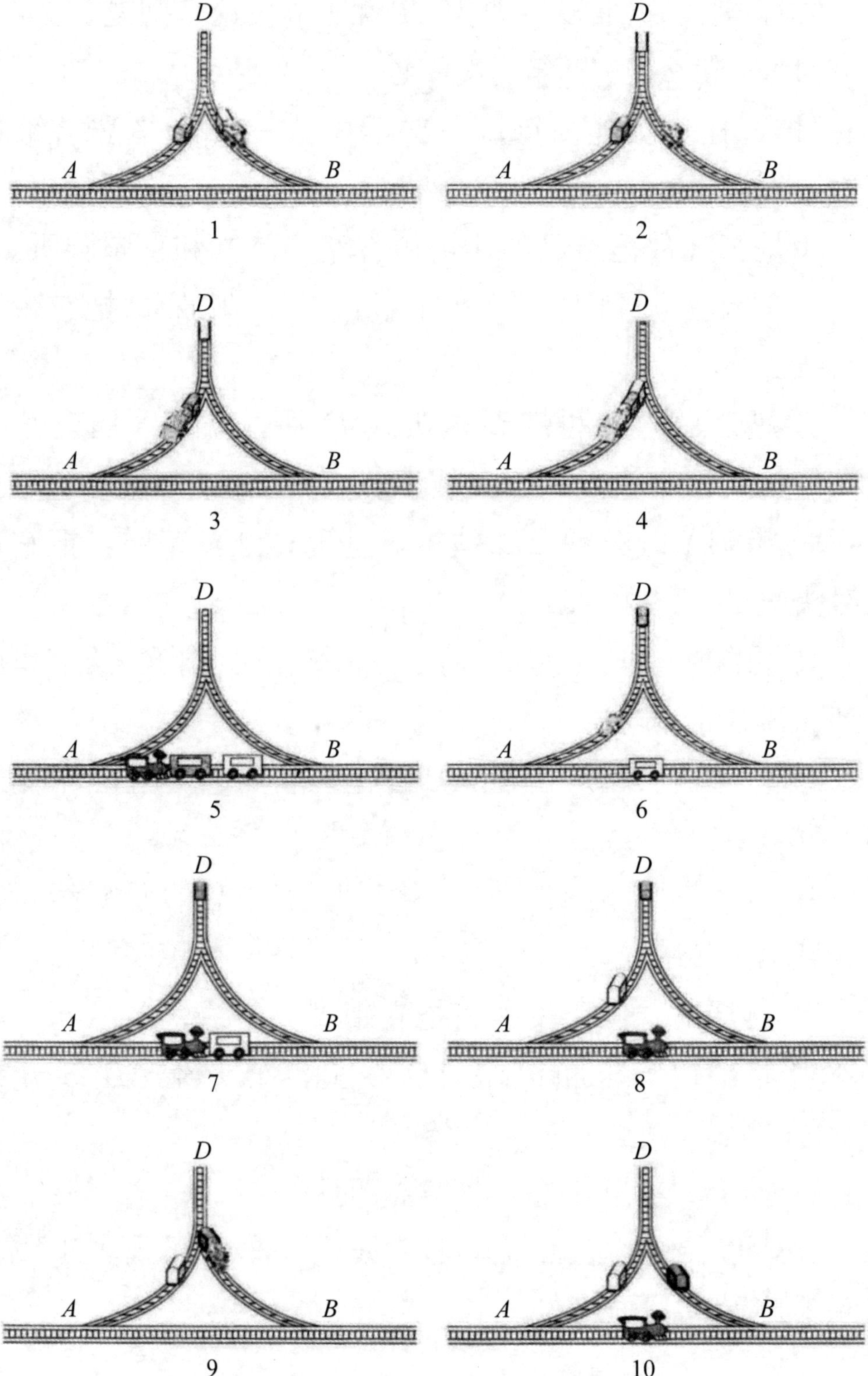
D
A
B
1
2
3
4
5
6
7
8
9
10

“恐怕没时间了。”小国王在一旁听到了他们的对话，“咱们时间不够了。你画画图简单，可现在没有了电脑控制，挂一次车和摘一次车要费很大的劲，时间肯定不够了。”

“那您看还有多少时间?”张晓数征求小国王的意见。

“燃料什么的都已经加好了，再稍作准备就能开车了。”小国王掐指算了算——他居然也会“算”了!“大概最多能有 6 次的时间。”

“那我再看看。”张晓数按照小国王要求的次数再次琢磨起来。

“咱们也来看看。”袁园圆对李晓文说道。

结果袁园圆和李晓文的加盟也没能使行车次数减少，他们各自又找到一个方法，但也都得花费 10 次的时间。

“看来少于 10 次根本不可能!”李晓文气馁地说道。

“先别忙着下结论。”张晓数不同意李晓文的悲观论调，“我这眼看就要出成果了。”

果然，张晓数很快便拿出了自己的新方案：

1. 把车头开到 BD 线上，挂上“白”车厢，带着它开到 AB 线；

2. 将“白”车厢留在 AB 线上，车头再经过尽头线 D 开到 AD 线；

3. 挂上“红”车厢，把它带到 AB 线上；

4. 再挂上“白”车厢，然后挂着“红”“白”两节车厢开到 BD 线上；

5. 将“红”车厢留在 BD 线上，再带着白车厢经 BA 线开到 AD 线；

6. 将“白”车厢留在 AD 线上，车头回到 AB 线上。

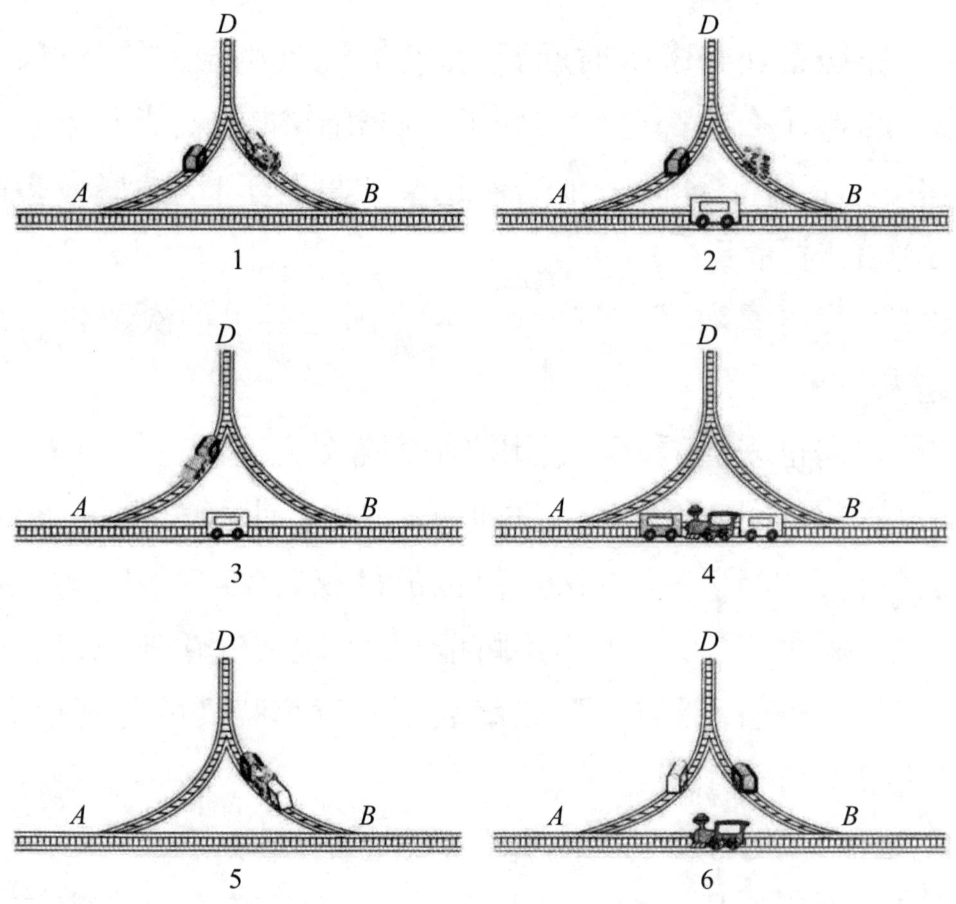

“嘿，真的是 6 次！”李晓文惊呼道。

“而且经过这次调度，车头的方向就会朝向左面了。”张晓数补充道。

“不过这样做——用 6 次行车而不用 10 次行车来解决问题，车头恐怕就得做 180 度的转向了。”李晓文提醒道。

“没关系，让他做就是了。”小国王摆出了国王的权威来。

“其实咱们有点弱智了……”袁园圆眼睛看着天说道。

“怎么？难道你还有更简洁的办法？”小国王连忙向袁园圆请教。

“不是。”袁园圆苦笑着回答道，“其实咱们没必要等着的。咱们就算告诉司机10次的方案，也可以让他先把车头开到一边，然后咱们先过去，再让他慢慢去调度就是了。”

“天哪！我真是笨死了！”小国王一拍自己的脑袋。

“天哪！我真是笨死了！”张晓数也跟着做了同样的动作。

“天哪！你真是笨死了！”李晓文却打了张晓数的脑袋一下。

“那就不管他用什么方法了，我们赶快动身！”小国王下令道。

轨道让出来了，列车隆隆地启动了。至于说那个司机愿意用10次的方法还6次的方法，小国王他们就不再管了。

其实这里离前沿阵地已经很近了，不一会儿工夫，列车就再次停下。

小国王下车视察阵地，他周围的近卫队都十分担心，生怕敌人的炮火伤着他。

小国王看出了他们的担心，不满地说道：

“将士们都在浴血奋战，难道我就怕死不成？”

“不是这个意思……”阵地上的一个军官解释道，“敌人的炮火太猛烈……”

“那我们的火炮呢？”小国王严厉地问道。

“我们的大炮还没布置就位……”

“你是不是想尝尝军法的味道啊？”小国王总是拿这个来说事，“开战这么久了，连个大炮的位置都没布置好？”

“陛下息怒！因为原来……原来……”那军官连忙解释，可又不敢直说。

“原来什么？”小国王追问道。

“原来都是用电脑布置的……”那军官勉强说了出来。

“我就不信，咱们人脑会不如电脑！”小国王勃然大怒，“张晓数，来让他看看，我们的人脑一点不比那些电脑差。”

张晓数连忙走上前来，向那名军官了解大炮的布置情况，以帮助他尽快布置。因为他知道，假如不马上布置妥当，不要说那名军官的脑袋不保，就连他自己的脑袋都可能要搬家了。

伴君如伴虎啊。张晓数这下可是深刻地理解了这句话的涵义。

没想到张晓数一听军官的介绍，不禁皱起眉头，因为他没想到布置的要求竟如此古怪，如此难以做到。

大炮摆在哪儿

“布置在山峰里面。”军官说道，“包括上面那台，也得布置在山峰中间，否则就成了敌机的轰炸目标了。”

“原则是这样的——”那名军官介绍道，“在这座山峰上要布置火炮。总共要布置两层，上下各 8 个方位，总共 16 个布置点。”

“怎么会有 8 个方位？”袁园圆不解地问道。

“除了东、西、南、北四个方向，还有东北、西北、东南、西南四个方向。”李晓文解释道。

“不错。”那名军官点点头，“不过在中央部分，还要各布置一台总监控仪。”

“‘各’布置一台？”这回轮到李晓文有些奇怪了，“上面那台还可以布置在山峰的正中央，下面那台怎么办？”

“布置在山峰里面。”军官说道，“包括上面那台，也得布置在山峰中间，否则就成了敌机的轰炸目标了。”

袁园圆在心里说：难道那些大炮就不怕轰炸了吗？

“你的大炮总数是多少?”张晓数突然问道,“我们来的路上并没有看到大炮停在山下啊。”

“这个……”军官小心翼翼地看着小国王。

“怎么,你连大炮的总数都不知道吗?”小国王又要发怒。

“是这样的,陛下。大炮总数是由武器装备部门分配的,我们无权过问。”军官连忙解释说,“但是我们把布置大炮的要求送上去,他们说会按照要求提供大炮数量的——他们已经上路了。”

“既然已经上路了,总该有个数目啊。”小国王不满道。

“但我们现在联系不上他们。”军官说,“刚才的轰炸把电台炸坏了,我们向陛下您汇报都是通过通信兵来联系的。”

小国王点点头:“看来得赶快把大炮布置好,否则还得被动挨炸……”

“这还不好说吗?”李晓文手拿一些小石头开始在地上的方格里摆弄起来,“很简单啊。”

“别着急,还有些条件的。”军官继续补充,“各个方位——也就是说16个布置点——必须全部布置大炮,这是制约敌机的一种方法;另外每个方位布置的大炮最多不能超过3门,这是减少损失的一种方法。”

“完了?”李晓文问道。

“还有——”军官又说了一个条件,“假如把山峰的防御区域看成一个正方形,那么每一边的大炮数不能少于

11 门。”

“这下完了吧?”李晓文都有些迫不及待了。

“最后一个要求——”军官终于说完了要求,“上层的大炮数量应该比下层大炮的数量多一倍——这是火力配备的要求。”

听完条件,李晓文想了一会儿,然后把手里的小石头一扔,十分干脆地回答:“没办法。”

小国王抱怨地看了他一眼,但想起李晓文毕竟是朋友而不是下级了,就没有多说什么。小国王又把希望寄托在了张晓数身上,他看到张晓数正用小石头在方格里试验着。

“你有什么办法没有?”

“别急,别急……”张晓数嘴里念念有词,手里也没停下。

“能不急吗?这敌机可随时都会来轰炸啊!”小国王都快急疯了!

“别急,别急——马上……”张晓数还在嘴里嘟囔着,“这大炮总数不知道,我就得推算一下了。”

“那你倒是快算啊!”小国王急得像是热锅上的蚂蚁。

“咱先从最少的说。”李晓文说道,“假设下层每个方位只部署最少量的大炮——1 门,整个下层就是 8 门;上层比下层多一倍,就是 16 门。这样所有大炮数量至少要有 24 门。”

“再考虑最多的情况。”张晓数点点头,“假设上层每个方位都部署最多数量的大炮——3 门,整个上层就是 24

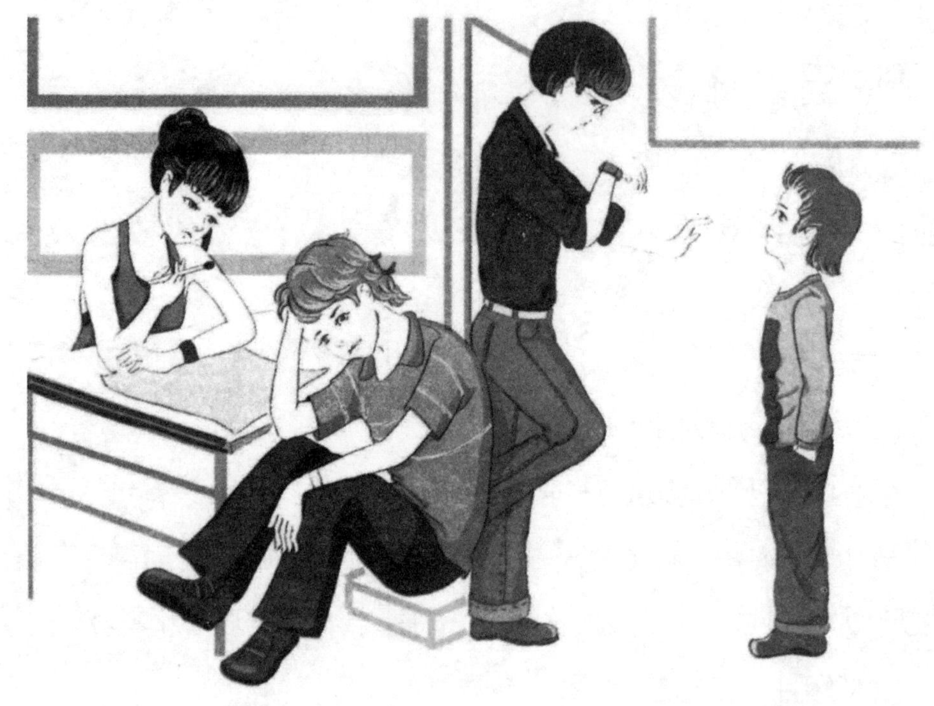

门；下层比上层少一倍，就是 12 门。这样大炮数量总和最多能有 36 门。”

“从最后那条要求来看，大炮的数量应该能够被 3 整除。”袁园圆发现了一个重要条件。

“这是怎么看出来的?”小国王转过脸去问李晓文。

“我也奇怪呢。”李晓文一脸的迷惑。

其实李晓文更迷惑的是：小国王居然也会关心起这个来了。

“这还不简单吗?”袁园圆解释说，“假设下层的大炮数量 x，上层的大炮数量比它多一倍，就是 $2x$，两项一加就是 $3x$——显然能被 3 整除。”

“原来如此。”小国王恍然大悟地点点头。

“原来如此。”李晓文也鹦鹉学舌地说了同样的话，做了同样的动作。

“介于 24 和 36 之间，又能被 3 整除，那就是说……”张晓数思考着，“大炮的数量有可能是 24 门，也有可能是 27 门……”

“还有可能是 30 门!”袁园圆补充道。

“还有可能是 33 门!”李晓文也补充道。

“还有可能是 36 门!”小国王兴奋地说道。

李晓文、张晓数和袁园圆都极为欣喜。他们欣喜的不是小国王发现的这个数字，因为 36 门是显而易见的，而是小国王对数学越来越感兴趣了。

“那好，现在咱们一个一个筛选。咱们分头来计算，”张晓数说道，“很容易就能确定，既然各个方向都必须布置大炮，那么 24 门大炮是不可能满足在各边都有 11 门大炮的……”

“怎么回事？怎么回事?”李晓文有点走神，一时没有明白张晓数的意思。

“这还不明白?!”连小国王都明白了，“24 分成两部分，下面是上面的 2 倍，那就是 16 和 8，根本满足不了每边 11 门的要求。”

“可是其他几个数字都满足啊!”袁园圆计算得很快，但她是从大数开始计算的，避免和张晓数计算重复了，成为无效劳动，“我算了，假如大炮数目是 36 和 33 的话，都能够满足每边布置 11 门的要求!”

“真的吗?”张晓数马上来验算，但发现袁园圆的一个错误："每一边布置 11 门倒是不错，可你注意到没有，你在有些方向得布置 3 门以上的大炮——这也不符合要求。"

"我说你们快点啊！"小国王又有些不耐烦了，"大炮可能马上就运到了！现在通讯恢复了，运输队刚刚联系了我！"

"陛下别着急，问题基本上解决了。"张晓数笑着说道，"24、33、36 都不行的话，我们就先来考虑 30……"

"那快验算一下。"小国王下命令，"看看具体怎么布置，大炮一上山咱们就让它们就位！"

"这就简单了。"张晓数马上在两个方格图里布置手里的小石头。左边的方格代表上层，右边的方格代表下层：

上层				下层		
2	3	3		1	1	1
3		2		1		2
3	2	2		1	2	1

"上层 20 门大炮，下层 10 门大炮。"李晓文看着示意图说道，"这下解决了。"

"不行不行！"小国王突然跑过来说道，"刚刚接到运输队的报告，有 3 门大炮在运输过程中陷在了泥里，正在往外拖呢。"

"也就是说，现在运过来的只有 27 门大炮？"袁园圆问道。

“不错。”小国王点头。

“那我们等等那3门行不行?”袁园圆试探着问道。

“我刚刚接到情报——”小国王的眼里充满了绝望,“敌人的轰炸机已经上路了。”

“这下完了!”李晓文一屁股坐到地上,“全白干了!”

倒来倒去真麻烦

这个炮膛需要的液体火药必须是 6 立方分米，非常严格，而运液体火药来的容器是 12 立方分米。

“没那么可怕！”张晓数拉起李晓文，“符合条件的还有个 27 啊！”

张晓数马上埋头计算起来，结果很快又研究出了只有 27 门大炮时如何按照要求布置。

上层			下层		
3	1	3	2	1	1
1		2	1		1
3	2	3	1	1	1

“上层 18 门大炮，下层 9 门大炮——哈哈！也能满足要求！”李晓文高兴地跳了起来。

正在李晓文欢呼跳跃的时候，第一门大炮已经被拉上山来。小国王连忙下令:“那就赶快布置吧——直接就位!”

设计方案确定了,布置起来就相当快了。很快,27 门大炮就布置就位。

“快装火药啊!”小国王下令道,“你还磨蹭什么!”

“陛下,这炮的火药没法装啊。”士兵委屈地说道。

“怎么没法装?”看小国王那样子简直像是要处罚这个士兵。

“这个炮膛需要的液体火药必须是 6 立方分米,非常严格,而运液体火药来的容器是 12 立方分米。”士兵解释道,“我们手头没有这么大的容器啊!”

“这个国家也真怪了,炮膛里的液体火药还得定量。”袁园圆觉得好玩。

“也正常吧,液体火药量小了威力不够,量大了说不定就把炮膛给炸开了。”李晓文解释说,“不过这么严格地要求数量倒还真没有见过。”

“就不能想想办法吗?”小国王真的有些急了,“那现在有什么样的容器?”

“报告陛下,现在只有 8 立方分米和 5 立方分米的容器。”士兵拿来两个家伙。

“我就不信用这两个容器倒不出 6 立方分米的液体火药来!”小国王开始动手倒。

“其实根本不用这么复杂的,”张晓数悄悄对袁园圆说道,“用那个 12 立方分米的容器,就能倒出 6 立方分米的量来。”

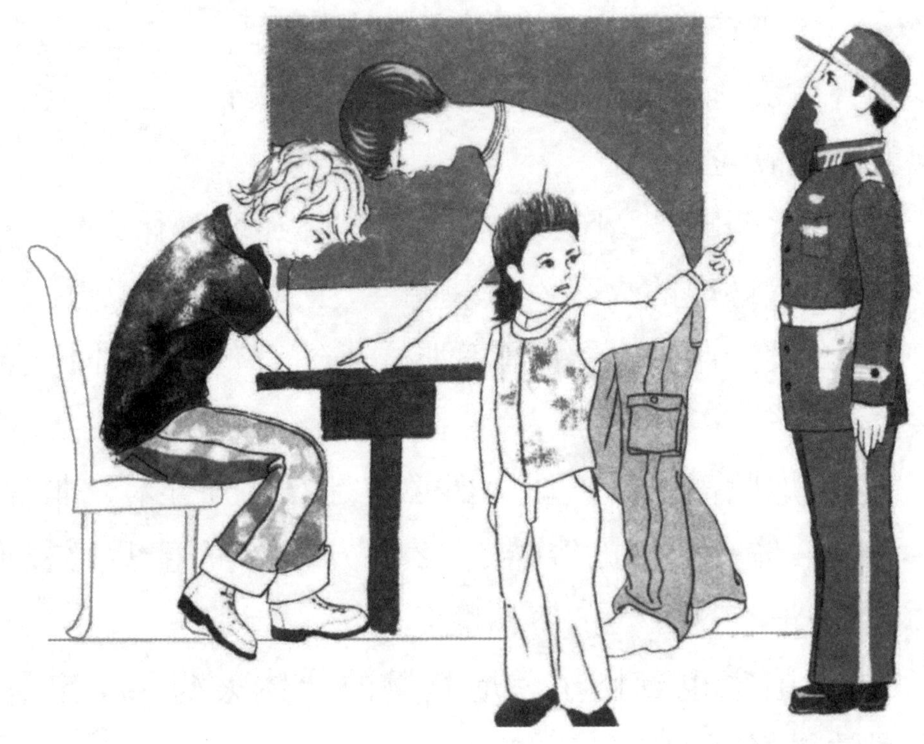

“那你怎么不告诉他?”袁园圆听了张晓数的话，就打算告诉小国王。

“先别着急，让他动动脑子。”张晓数拦住袁园圆。

“先从 12 立方分米的容器往 8 立方分米的容器里倒，这样就把一份液体火药分成 8 立方分米和 4 立方分米了。”小国王边倒边琢磨，“再从 8 立方分米的容器往 5 立方分米的容器里倒，这样又把 8 立方分米的液体分成 3 立方分米和 5 立方分米了。”

“这么个分法，得分到什么时候去?”袁园圆替小国王着急。

“别着急，这是一种思考方法，让他想想没坏处。”张晓数说道，“再说只要一次研究成功了，以后就可以按部就班了。”

“就算你说得对，这样还是太麻烦。”李晓文摇摇头，“再说液体火药这么倒来倒去，也难免会出危险。”

“现在再把 5 立方分米的倒进 12 立方分米的容器里，加上刚才在里面的 4 立方分米，现在就是 9 立方分米了。”那边小国王还在边倒边嘟囔，“现在再把 8 立方分米容器里的那 3 立方分米倒进 5 立方分米的容器里……”

“哎呀！这么倒来倒去的真烦死了，我都不知道你要干什么了。”袁园圆皱着眉头冲小国王说道，然后朝着李晓文和张晓数嚷嚷起来，“你们帮帮他好不好！”

既然袁园圆都有些急了，张晓数只好走过去说道：“其实陛下的办法都是对的，思路相当清晰。”

“只是具体做法麻烦了点。”李晓文也走了过来，手里还拿着一支笔和一张纸，“其实咱们完全可以先在纸上演练一番。”

“怎么弄?”小国王手拿着容器望向李晓文，容器里的液体火药差点洒出来，幸亏张晓数冲上去一把托住。

“这样，咱们来列个表格。”李晓文在纸上打起格子来，“第一列是 12 立方分米的容器和里面的液体火药量，第二列和第三列分别是 8 立方分米和 5 立方分米的容器和里面的液体火药量。”

“不错，挺清楚的。”张晓数点头赞许，“至于说什么倒不倒的，就不用标出来，从表格上一看就看出来了。”

于是几个人就开始研究表格。很快就得出了结论——

12	8	5
12	0	0
4	8	0
4	3	5
9	3	0
9	0	3
1	8	3
1	6	5
6	6	0

“不会就一种方法吧?”小国王皱着眉头说道,“总共得折腾7次，这也太麻烦了点。”

“我倒是又琢磨出一种方法来。”没想到袁园圆半天没说话，是在自己寻找新方法。她摊开另外一张纸，只见上面的表格是这样的。

12	8	5
12	0	0
7	0	5
0	7	5
0	8	4
8	0	4
8	4	0
3	4	5
3	8	1
11	0	1
11	1	0
6	1	5
6	6	0

“算了吧。这个更麻烦，得 11 次!”小国王惊呼起来，“还不如第一种呢。”

说完小国王就向士兵们下令，让他们按照第一张表格的程序量出 6 立方分米的液体火药，马上装炮准备战斗。

“陛下且慢!”张晓数突然拦住小国王。

“你还有什么意见?”小国王以为张晓数还想尝试别的方法，“我可不要比 11 次还多的方法。”

“不是 11 次，而是 1 次。”张晓数慢慢说道。

“什么? 1 次?”小国王简直不敢相信自己的耳朵，“你说你用 1 次就能把 6 立方分米的液体火药分出来?”

“是啊，陛下您看——”张晓数取过 12 立方分米的液体火药桶，“这是一个圆柱形容器。”

“怎么?”小国王本来在等着张晓数讲解，可见他停了，不得不催促他继续往下说。

“对于这种圆柱形容器来说，只要把液体倒出来一部分，然后看其余的部分在圆柱形这个对角线的位置。”张晓数边讲解边比划，“假如在这上面呢，就超过了一半；假如在这下面呢，就不足一半。”

“假如正好在这个面上呢，就正好是一半。”李晓文补充道。

“有这么好的方法，为什么不早告诉朕!”小国王突然大怒。

“陛下请息怒。”张晓数连忙向小国王解释，“我只是看到陛下愿意思考数学问题，十分高兴，希望陛下独立解决上面那个难题。”

“什么难题?”小国王摸不着头脑,“那个用 8 立方分米和 5 立方分米容器分火药的问题吗?”

“不错。”李晓文对小国王说道,“这个问题被称为泊松问题。”

李晓文告诉小国王,泊松是法国著名数学家,曾担任过欧洲许多国家科学院的院士。在微分方程、弹性理论、概率论等方面都有较大的贡献。在青年时代他研究了一个有趣的数学游戏:某人有 12 品脱(英容量单位,1 品脱=0.568 升)啤酒一瓶,想从中倒出 6 品脱。但他没有 6 品脱的容器,仅有一个 8 品脱和一个 5 品脱的容器。怎样的倒法才能使 8 品脱容器中恰好装了 6 品脱啤酒?

“两种解法他都想到了吗?”小国王很希望自己想出的方法与大数学家的不同。

“都想到了。”李晓文点点头。

小国王听罢多少有些失望。

那就猜一下谜吧

“电脑设置的密码也未必都很难破解，有些很难，但有些却可能很简单。”张晓数很有信心地对小国王说道。

“陛下——”

这时，炮兵急匆匆地冲过来报告。

“什么事慌慌张张的！”

“大炮都被密码锁锁住了！”炮兵报告说，“需要解开密码才能开炮！”

“什么?!”小国王简直要发狂了，“这些电脑真可恨，看来它们早就心怀不轨了！”

李晓文、张晓数和袁园圆他们都明白小国王说的是什么。大炮被电脑设置了密码，现在人类没了电脑的帮助无法使用，不过要说是电脑早就有谋反之心才设置了密码也说不过去，因为大炮这种东西毕竟是应该严格管理的，万一被谁家小孩子看到了胡乱开炮怎么办?

“把那些密码锁都给我砸烂！”小国王怒气冲冲地说道。

“这……”炮兵犹豫了。

“这什么?”小国王惊讶的是炮兵居然敢违抗他的命令——难道都是这几个小孩子带坏的?

“密码锁要是遭到攻击，大炮就会开启自毁装置，所有功能马上失效……”

“这帮混蛋电脑!”小国王简直要气疯了。

“陛下息怒。”张晓数觉得这时自己必须说话了，否则小国王说不定会亲自去砸那些密码锁,“也许能想想办法。”

“电脑设的密码，人能想什么办法?我们哪比得了它们!”小国王刚说完这话就有些后悔，因为他是一直坚持“电脑不如人脑”的观点的，可话已经出口，也收不回来了。

“电脑设置的密码也未必都很难破解，有些很难，但有些却可能很简单。”张晓数很有信心地对小国王说道,“也许咱们今天就能证明人类在有些地方还是比电脑强的。”

“此话当真?”小国王突然兴奋起来。

“至少可以试一试。”说到要玩真的，袁园圆也真有些为张晓数担心起来。

“对，至少可以试试。”说着张晓数便朝着大炮走了过去。

“这个密码倒比较好玩啊,”李晓文研究着密码锁上的数字,“开门的密码框里共有 9 个小框，每个框上都有一堆按钮，都是 1～9 这 9 个数字，这可怎么按啊?”

“这要排列组合起来可真是个大数字啊。”张晓数感叹道。但他马上想起“排列组合”是更深的数学内容，万一小国王好奇起来可不是一两句话就能解释清楚的，马上闭口不说了。

“过去这种情况怎么办?”小国王问道。

“臣不敢说。”士兵答道。

“有什么不敢说的?”小国王大怒，“说!”

“陛下恕罪，电脑控制密码是不会忘记的……”

“我问万一忘了怎么办?”小国王怒气冲天。

“万一忘了，都是用电脑一个个试的。”士兵战战兢兢地答道。

“简直气死我了!”小国王一屁股坐到地上。

“陛下先别着急，我倒有个想法。”张晓数劝道。

“快说快说!”小国王马上跳了起来。

“我看大密码框这架势，好像是个幻方……”张晓数说道。

“幻方是什么？一种糖块？”小国王舔了一下嘴唇。

“幻方最早见于中国古代神话。”李晓文的历史知识非常丰富，当然也包括数学史，“据说夏禹治洪水的时候，洛水里浮出一只大乌龟，龟背上就画着一个幻方。所以也有人说，中国古代的数学就是从河图洛书开始的……哎呀!”

说到这里李晓文突然捂住嘴巴，因为他发现自己居然在小国王面前滔滔不绝地谈起了数学的历史。

可现在小国王心急，也就没太在意这个。他继续问张晓数说：“是幻方又怎样？你能解决得了它吗？”

“假如它真是个幻方，这三行三列的，就应该是那个著名的洛书!”李晓文怀疑道。

“对，每一行每一列相加都等于 15!”袁园圆马上接道。

“何止每一行每一列，就连每条对角线上的数相加也等于 15。”张晓数补充说道。

“这可真够神奇的了。”国王也惊讶，而且他记起了，对角线是四边形里的特征。

于是，密码就这么轻易地解开了。

“这只是总密码。”那名军官解释说，“还有各部分的分密码，好像是用语言叙述的。”

4	9	2
3	5	7
8	1	6

“什么叫做语言叙述的?”张晓数有些奇怪。

等看到那些密码之后，张晓数乐了，原来这就叫语言叙述啊。

“连李晓文都能破译这密码。”袁园圆说道。

“什么叫连我都能破译?”李晓文不高兴了,“这么简单的密码，估计小国王都能破译得了。”

“这叫什么话!”小国王也不高兴了,“可别把人看扁了!”

说罢，小国王真的研究起那些密码来了。

“我是激他呢。”李晓文凑在袁园圆的耳朵边说道。

“别把自己的脑袋给激掉了就好。”袁园圆白了李晓文一眼。

“这个嘛……”小国王认真读题,“$\frac{1}{2}$是一个数的$\frac{1}{3}$，那么这个数该是个什么数？还真有点复杂啊……”

“如果$\frac{1}{2}$是一个未知数的$\frac{1}{3}$，那么整个未知数就应该含有几个$\frac{1}{2}$呢?”张晓数启发道。

“3个啊!”这一启发，小国王马上算了出来,“里面含有 3 个$\frac{1}{2}$，那就是$\frac{3}{2}$，也就是 1.5——这个密码是 1.5!”

“陛下高见!”张晓数故意不提自己启发的功劳，而是称赞小国王。

“如果大小两个数都减去小数的一半，那么大数减后所得的差数将是小数减后所得的差数的 3 倍。现在问，大数是小数的几倍？这个……”

“这样吧。”张晓数再次启发道，“假如小数的一半用字母 m 来表示，那么小数减后所得的差数仍是 m，对不对？”

小国王想了一下，马上反应了过来：“对对!”

“那么大数减后所得的差数则是 $3m$。”张晓数继续说道，“小数是 $m+m=2m$，大数是 $3m+m=4m$，所以，大数是小数的 $4m\div 2m=2$ 倍。”

“那大数和小数到底是多少啊？”

“不知道。”张晓数笑着回答说，“也不用知道。”

“不用知道这两个数是多少就能得出结论来。”小国王思忖道，“有意思。”

“而且，所有的具有 2 倍关系的数都能满足上述条件。”袁园圆把这个问题深化了一下。

“这就说明密码是任意两个具有 2 倍关系的数？”小国王试探着说道。

“陛下高见!”袁园圆也夸了小国王一下。

算术和代数打了个平手

把这一年的年份数写在纸上，再把纸倒过来，这时纸上的数仍是该年年份数。这是个什么数啊？

“在20世纪里有没有这样一年……20世纪是个什么东西？”小国王刚把题目念到一半，突然产生了一个疑问。

“糟糕，他不知道20世纪。”李晓文无奈地说道，“看来这里用的纪年法跟我们不一样，竟然不用公历记录时间。”

“别管20世纪了，就是1900到2000这之间的某个数。”还是袁园圆反应快。

“哪个数啊？”小国王问道。

“那得问你啊，题目是怎么说的？”袁园圆笑道。

“哦，对对！”小国王连忙继续看题，“把这一年的年份数写在纸上，再把纸倒过来，这时纸上的数仍是该年年份数。这是个什么数啊？”

“看来这是个游戏。”张晓数判断说，“和数学关系不大。”

“就是个游戏，也得做出来啊！”小国王急得抓耳挠腮。

“提醒陛下一下，有时候 6 和 9 倒过来看很像……”

“哈哈，6699！”小国王突然想到一个数。

“这个数不在 1900 和 2000 之间啊。”李晓文继续提醒。

“那就是 9966……也不对！是 1691，好像还是不对吧？”小国王脑子有点乱了。

“不对。”李晓文点点头。

“哈哈！1961！”小国王终于找对了这个数字。

“陛下……高见！”李晓文本来想说“陛下和我都高见”的，但想想还是夸夸小国王比较好，再说“陛下和我都高见”说起来也不顺口。

这个数字正是 1961。把纸倒过来时，数字 1 仍是 1，数字 6 变成了 9，数字 9 变成了 6——还是 1961。

“最后一题了，最后一题了！”小国王的信心增长了不少，“一个小于 12 的正整数，把它加上 3，所得的数正好可以开方，而开出来的平方根又是这个数减 3，问这个数是多少？看起来不是很难嘛。”

“对陛下这种数学天才当然不难。”李晓文奉承道。

“不许这样说！”没想到马屁拍到了马腿上。小国王可不愿意别人说他是数学天才——虽说他现在已经有意无意地开始喜欢数学了，“再这样说军法处置！”

“好好，您不是天才。”李晓文心说：真是狗咬吕洞宾，不识好人心，“那陛下快列算式吧。”

“其实这是个口算题目。”张晓数说道，“不用列算式的，脑筋灵活的人只要一分钟就能算出来。”

“口算？一分钟？”袁园圆有点惊讶，“这题目看起来好像是代数题，似乎正是要说明列方程的代数方式比算术方式优越！”

“做密码的人要真是这样想的，那这题目可就不大合适了。”张晓数还是坚持自己的看法，“凡是能把这个题目仔细考虑一下的人，都可以用‘心算’把题目解出来——几乎不用任何计算。”

“我不相信。”袁园圆仍不同意张晓数的说法。

“那我来试试。”小国王说完又觉得自己有点自大，连忙叫上张晓数一起，“那咱们来试试。”

“好，试试就试试。”张晓数同意了。

“那还是由你先来提思路吧。”小国王鬼得很，他自己没想法，反倒要张晓数先提思路。

“提就提。”张晓数也不在意，“我是这样考虑的：根据后面的条件来看，这个数不会小于 3，也不会大于 12。那么加上 3 之后，这个数就不会小于 6，也不会大于 15。”

小国王点点头：“继续。”

“在 6 与 15 之间只有一个整数可以求出正整数平方根，那就是 9。”张晓数继续说道，“所以这个数应该等于……”

“9－3＝6。”小国王抢先说道，“所以这个数是 6！”

“陛下高见！”这次是李晓文、张晓数和袁园圆三个人一起说的。

“其实也不是我高见。”小国王实在感觉有点不好意思了，“其实我心里清楚，这些题目都是你们解的，我只是最后说出结果。”

“不不不，还是陛下高见。”李晓文今天决定拍马屁拍到底了。

“对了，你刚才说你要用方程来解这道题，而且还比算术方式简单？”小国王还在为刚才李晓文的那个“马脚型”马屁生气，不理睬李晓文，而是转过脸去向袁园圆问道，“能说说你的解法吗？”

“哦，用方程的方法没这个简单。”袁园圆现在开始佩服张晓数的这个解法了。

“无妨无妨。”小国王大度地说道，“也说说看嘛。”

“我是这样想的——”于是袁园圆开始说自己的思路，“可以假设 a 是减 3 前的原数。根据题目条件，这个数的平方比它大 6，也就是 $a^2-a=6$，或者说是 $a(a-1)=6$。”

“也用到字母了，好像也是代数方法。”李晓文指出。

“不解方程的，”袁园圆一边继续演算一边回答说，“思路还是算术的。”

“不要打扰别人演算！”小国王制止了李晓文的插话。

“因为 a 是个正整数，那么 a 和 $a-1$ 就都是 6 的因数。而 $6=3\times2=6\times1$。”袁园圆继续她的演算和讲解，“那么在这两个因数分解里，只有前一个的因数的差是 1，所以 $a=3$。那么原数就等于 $3+3=6$。”

“不错，简单易懂。”小国王夸奖道，“也不算很麻烦嘛。”

“而用代数方式做的话，就要设 x 是那个数了。”袁园圆继续讲解她的代数思路，“这个数减 3 就是 $x-3$，加 3 就是 $x+3$。按照条件，$x+3$ 应该等于 $x-3$ 的平方……”

“展开一下就是 $x^2-7x+6=0$。”李晓文刚才在“数学天才”的问题上得罪了小国王，发誓要让小国王对自己的印象恢复到原来的状态，所以再次冒险插话，只不过说话的时候还是陪着小心，“陛下，请允许我解一个一元二次方程。”

“解吧解吧。”小国王无奈地挥挥手。

“通过因式分解，可以得到这方程式的根是 $x_1=6$ 和

$x_2=1$。”李晓文很快解出了这个方程，“但根据题目的意思，x 应该大于 3，所以答案只有一个：$x=6$。”

“也挺清楚的。”小国王友好地拍拍李晓文的肩膀。李晓文受宠若惊，知道小国王已经原谅了自己。

“不过你刚才在做这个什么……因式分解？”小国王问道。

“是啊。怎么？”李晓文不解地问。

“这道题正好可以用因式分解。”谁也没有想到小国王居然肯思考这么复杂的问题，“要是它不能因式分解怎么办？”

“那恐怕就没有正整数的根了。”李晓文答非所问。

“我想知道的是怎么办？”小国王追问道，“那时还有没有办法把这个题目解出来？”

“有。”袁园圆替李晓文回答道，“有一个通用的式子，任何一元二次方程求根都可以用——不过比较麻烦。”

“哦，是这样。”小国王似乎有些沮丧，“我以为还有别的简单办法呢。”

出一道因式分解玩玩

“$x_1+x_2=-\frac{b}{a}$，$x_1x_2=\frac{c}{a}$……”李晓文这时又跳出来炫耀记忆力了，“这个就叫做韦达定理。”

“当然也有。分解不了因式的话，也不是完全不能用取巧的办法。”张晓数补充说道，“只要是 $ax^2+bx+c=0$ 的形式，就可以使用韦达定理。”

“什么定理？”小国王没听清楚，“怎么个用法？”

“$x_1+x_2=-\frac{b}{a}$，$x_1x_2=\frac{c}{a}$……”李晓文这时又跳出来炫耀记忆力了，“这个就叫做韦达定理。”

“什么伟大定理？它很伟大吗？”小国王奇怪道。

“不是伟大定理，是韦达定理。”袁园圆耐心地向小国王解释道，“韦达是西方代数学之父，这个定理就是他发明的。”

“不对，不对。”李晓文嘿嘿笑着摇头，“这是过去的说法，其实这个定理很可能只是被韦达记载下来的，所以被后人称为韦达定理。”

“怎么会有这种说法?”正在解方程的张晓数突然惊讶地抬起头来。

“可事实就是这样。”李晓文沾沾自喜地说道,“请相信专家。”

“证据呢?”袁园圆笑吟吟地问道。

“非常简单,据考证,有这个公式的时候,韦达年仅3岁。”李晓文平静地说道,“真要这样,那他可真成神童了。”

最后一个密码终于解决了,几个人都非常高兴。大炮开始仰头,直指蓝色的天空。

不过时间可真悬啊!最后一门大炮刚刚就位,炮手刚刚做好准备,第一架敌机就出现了。

敌机开始轰炸了,而我方的大炮也开始还击了,小国王连忙带着李晓文、张晓数和袁园圆躲进掩体。在黑暗中他们听着大炮射击敌机的声音,还是感到十分兴奋。

在小国王的杰出指挥下,战果辉煌!大部分敌机狼狈逃窜!

“这里面也没有什么可玩的啊。”李晓文在黑暗中感叹道。

“要不谁再给我出几道数学题吧。”小国王俨然有点意犹未尽的味道。

“您掐我看我是不是在做梦?”张晓数简直震惊了。

袁园圆在黑暗中摸到一个人,然后使劲地掐了一下,没想到小国王惊呼起来:“他要挨掐,你掐我干什么?”

“不好意思,不好意思,我掐错了。”袁园圆连忙道歉——幸好黑暗中看不见她通红的脸。

“那我给陛下一个能分解因式的方程怎么样?”张晓数说道。

“估计我是没问题的。”小国王对此颇为自信。

“好的。”于是张晓数出题——“请将10分成两个部分,使其两者之积等于40。”

“这个问题看起来十分简单啊。”小国王让人开了灯,然后动手解了起来,“设一个数为x,那么另一个数就是$10-x$。”

张晓数看着小国王不语,却在偷偷发笑。只是小国王没有发现罢了。

“根据题意有 x（$10-x$）$=40$。”小国王很快就列出了方程，“也就是 $x^2-10x+40=0$。”

“请陛下解一下。”张晓数在一旁催促道。

“解之，得……”小国王算着算着就觉得不对了，“你别逗我了，别看我不懂数学，但我可知道，当根的判别式 $\triangle=b^2-4ac$ 小于零时，这方程根本就没有解。”

“真的？真的解不出来？”张晓数故意逗小国王，“我可是能解出来的。”

“嘁，别欺负我不懂数学，这点小意思我还是没问题的。”小国王怎么也不相信，在根的判别式小于零的情况下，张晓数还能把这方程解出来，“你要是解出来了，我把王国的一半送给你！”

“真的？”张晓数觉得小国王实在过于自信了，决定小小地教训他一下。

“一言为定！”小国王与张晓数击掌。

“好！”张晓数也伸出手掌与小国王相击，“君子一言，驷马难追！”

“可要是你输了怎么办？”小国王眼珠一转，突然想到了这一层。

“那我就再也不向陛下要求恢复数学这门学科了。”小国王也没想到张晓数竟敢如此托大。

这边张晓数和小国王在打赌，那边却急坏了李晓文和袁园圆。李晓文心想：根的判别式小于零方程就无解，这几乎是尽人皆知的事情。张晓数这样吹牛，不是要坏了大事嘛！

可没想到张晓数把大话吹出去之后却一点也不着急。他拿过纸来，在上面慢慢地写了起来。

$x_1=5+\sqrt{-15}$；$x_2=5-\sqrt{-15}$。

“这是什么？”小国王狐疑地看着张晓数。

“我解出来的两个根啊。”张晓数告诉小国王。

小国王先是低头看看纸上的那两个根，然后再抬头看看张晓数，再次低头看看纸上的那两个根，然后再抬头看看张晓数，最后终于哈哈大笑起来。

“陛下笑什么？”这回轮到张晓数奇怪了。

“我觉得十分可笑！”小国王故意不说清楚。

“陛下觉得哪里可笑？”张晓数问道。

“我觉得哪里都可笑。”小国王的话让张晓数有些不知所云，“我没有想到，一个所谓数学那么牛的孩子，连基本的数学常识都不具备啊。”

“那么陛下说的基本常识指什么呢？”这下张晓数明白了，但他还是故意这样问。

“就连小学生都知道，二次根号下不能是负数。”小国王得意地说道，“没想到一个号称数学很牛的人……”

“首先我要告诉陛下的是，小学生肯定是不知道这个的……”张晓数恭敬地对小国王说道。

“好好好，你别和我追究这个。”小国王也意识到自己说漏嘴了，“至少初三的中学生都应该知道——学过开方什么的孩子都应该知道。”

“呵呵，好。”张晓数继续往下说，“那么对于初三的中学生来说，二次根号下确实不能是负数，而对于一个真正研究数学的人来说——或者说对于一个高三的中学生来说，这一条就不存在了。”

“不存在?”小国王把眼睛瞪得圆圆的。

“是的。”张晓数一点也不着急，“在16世纪之前，二次根号下绝对不能是负数，因而和为10而积为40的两个数是肯定不存在的。”

“我就不相信在16世纪之后负数就能开平方了。”小国王一脸的不屑。

“不错，在17世纪之后，准确地说大约在18世纪，复数真的可以开平方了。”张晓数仿佛在做一个宣言，“不过记住，是复数，不是负数。”

“听不明白。”小国王耸肩摇头的，“我听不出负数和复数有什么区别。”

“是复数，这是复杂的复；不是负数，那是正负的负。”张晓数逐字逐句地解释道，“复数的概念最早是以虚数的形式出现的，而且就是因为这道题。”

“虚数?”小国王还是听不大明白。

战略撤退

“不是苟且偷生，是保存实力。”张晓数坚决地说道，“有时候退一步，是为了将来进两步。”

“对，虚数。”张晓数点点头，“那时还没有出现虚数。在那时，负数的平方根被认为是没有意义的。第一个将负数的平方根这个‘显然’没有意义的东西写到公式里的人，是16世纪意大利数学家卡尔丹。”

“当年他的国王也不为这事砍掉他的脑袋?”小国王对这种离经叛道的做法十分不满。

“卡尔丹在解这道题的时候指出，尽管这个问题没有有意义的解……”张晓数继续解释，“但如果把答案写成$5+\sqrt{-15}$和$5-\sqrt{-15}$这样两个怪模怪样的表达式，就可以满足要求了。”

“尽管卡尔丹认为这两个表达式没有意义，是虚构的、想象的，但是，他毕竟写出来了，他还给负数的平方根起名叫‘虚数’。”听了张晓数的话，李晓文突然想起了这段数学史上的公案，“这样，‘虚数’便作为一种虚无缥缈的、没有意义的数出现在数学史上，后来越来越多的数学家使用了虚数，不过总还是半信半疑，持有很大的保留意见。”

“我记得连大数学家欧拉都不太喜欢它们。”袁园圆有这个印象。

“不错，欧拉在1770年发表的代数著作中，在许多地方都用到了虚数。但是对这种数，他又加上了这样一个怪怪的评语。”李晓文回忆着欧拉对虚数的评语，“一切形如$\sqrt{-1}$、$\sqrt{-2}$的数学式，都是不可能有的，是想象中的数，因为它们所表示的是负数的平方根。对于这类数，我们只能断言，它们既不是什么都不是，也不比什么都不是多些什么，更不比什么都不是少些什么，它们纯属幻虚。”

“这都什么乱七八糟的。”小国王觉得自己越听越糊涂了。

“再后来，虚数有了合法地位。”李晓文的话结束了这段历史，“虚数加上实数，被称作复数。”

“事实上，后来复数在很多领域都发挥了它的巨大作用，已经成为工程界不可缺少的一个重要东西了。”张晓数补充说。

正在这时，掩体外突然响起了一连串震耳欲聋的爆炸声！

四个人不知是怎么回事，又不敢冲出去看，就这么忐忑不安地等待着。

这时，突然有一个惊恐的声音在掩体里响起：“陛下！陛下！”

一个通信兵跌跌撞撞地跑了进来。

“什么事？那么慌张！”小国王很不喜欢慌张的人。

“将军让我来告诉您……”

“什么？”小国王不明白通信兵为什么不说下去了，“快说！”

“我们失守了……”

“哪里？山上的炮群？”小国王马上想到的是这里，“刚才布置得不是很好吗？敌机不是掉头逃跑了吗？”

“可它们的大部队马上来了。”通信兵回答道，“我们……没有那么多的飞机。”

“它们有多少架飞机？”小国王还心存侥幸。

“成千上万架。”通信兵绝望地说道，“每一台电脑，只要装上翅膀，就是一架飞机。”

小国王沮丧地坐到了地上。

“一个战场的得失不能决定整个战役的成败。”李晓文过来拍拍小国王的肩膀。

“你不知道，这是一个战略要地。”小国王的绝望没有因李晓文的安慰而减少丝毫，“这里失守了，它们再进攻下去，我的王国就要被侵占了。”

“那我们怎么办？”袁园圆问道。

“拿起武器，战斗到流尽最后一滴血！”小国王顽强地站了起来。

“将军的意思是……”通信兵小心地说道，“请您沿着山中的秘密通道先离开这个险恶之地，以图卷土重来。”

“那将军自己呢?”袁园圆不禁问道。

“他说他将血战到底，流尽最后一滴血。”通信兵挺胸说道。

“那为什么我就不能?”小国王反问道。

“对！血战到底!”李晓文跟着激动起来,“为我们人类流尽最后一滴血!”

“我也和你一起!”袁园圆挽住小国王的手。

“我不同意。”张晓数冷静地说道,“陛下作为一个士兵，是一个优秀的士兵吗?”

“不是最好的，但也能打上一会儿。”小国王想起自己的军事训练成绩并不十分优秀，但还是嘴硬地说道。

“但陛下作为一个国王呢?”张晓数继续问道。

“那自然是一个优秀的国王!”小国王马上接道,“至少我一直是这么努力的。”

“不错，作为一名士兵，陛下只能支撑一时一刻；但作为一位国王，您却能很好地管理国家、领导人民、指挥战役……”

“也是啊，还能颁布法律恢复数学呢。”李晓文小声地嘟囔道。

“可我的将士和人民……”小国王难过地说道。

“我也不建议他们无谓地抵抗。”张晓数继续说道,“与机器人斗争，是一个长期的任务。”

“那你的意思是……”小国王犹豫地说道,“苟且偷生了?”

“不是苟且偷生，是保存实力。”张晓数坚决地说道，“有时候退一步，是为了将来进两步。”

“退一步，进两步……”小国王不再说话，开始陷入沉思。

经过张晓数的艰苦说服工作，李晓文和袁园圆先转变了观念，然后一起来做小国王的工作。最后小国王终于决定暂时撤退，以备将来卷土重来。

在通信兵的引导下，小国王等人七拐八绕地来到了秘密通道的入口处。

“这是一个电梯，深入到地下深处。”通信兵告诉小国王，“秘密通道里十分安全，甚至能够抵挡核辐射，陛下一下到那里，这个电梯就会启动自毁装置，然后填埋起来。”

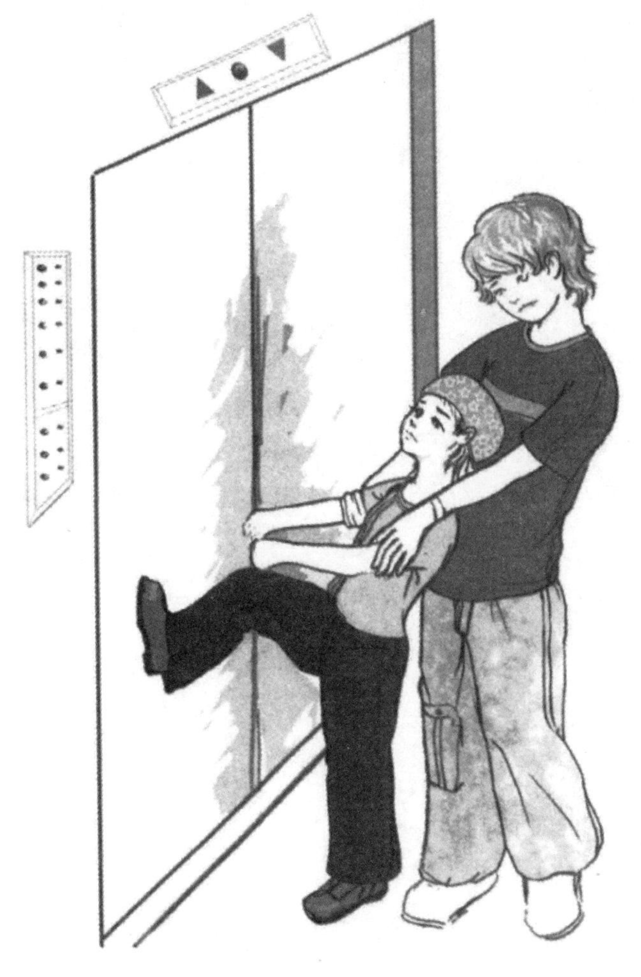

于是，小国王、李晓文、张晓数和袁园圆走进了电梯。

“你怎么不上来?”小国王站在电梯里，才发现通信兵还在外面，连忙招呼他进来。

“我要回到将军那里去，与他共同战斗。”说这话的时候，通信兵流下了眼泪，“我将流尽最后一滴血！陛下保重!”

就在通信兵说话时，电梯的门已经合拢。小国王要用手扒开电梯门，幸亏被李晓文他们拉住。

大滴大滴的眼泪从小国王的眼里流了出来。

“我一定要打败机器人，为我的将士和人民报仇!”

生命等价还是不等价

“数学是一门很有趣的科学。”张晓数看看小国王没有过激反应，才继续说下去，“有时候能得出一些相当奇怪的结论。”

电梯在电梯道里下了很久。

小国王心情很差，一直没有说话。李晓文、张晓数和袁园圆他们也只好陪着他不说话。

下到秘密通道后，上方的电梯道中果然传来一声闷响，电梯自毁了。这声闷响让小国王的心情更坏了，简直坏到了极点。

秘密通道里的设施和物资非常齐全，有一个庞大的后勤集团在服务，所以饮食什么的都不必担心。原来在机器人刚刚有叛乱苗头的时候，老国王就开始着手做好备战工作，所以才有了这一切。

但连续几天，小国王还是没有一点好心情。

“你心里要是有什么想法，还是说出来让大家听听比较好。”袁园圆扶住小国王的肩。

“我就是不明白，为什么那些士兵能去献身而我却不能去献身……”小国王喃喃地说道。

“因为你是国王。”袁园圆告诉小国王。

“一个国王就一定比一个士兵重要吗?”小国王有点钻牛角尖了,“每个人都只拥有一次生命啊。”

“这要看怎么说了。”李晓文插话道,“每一个生命都是平等的，但在具体作用上，有时候……怎么说呢?”

李晓文也有些糊涂了。

“我看咱们也别生命不生命的了，咱们就不能跳出这个问题，来看一看生活中的一些相等与不相等的问题?”张晓数希望小国王能走出这个思维怪圈。

“好吧。”小国王的口气终于有所松动。

“数学是一门很有趣的科学。”张晓数看看小国王没有过激反应，才继续说下去，“有时候能得出一些相当奇怪的结论。”

小国王没有说话。也许他的心思还是不完全在这里。

“曾经有一个数学爱好者，将一些代数式做了各种不同的变换以后，得出一个奇怪的结论：大象的重量等于蚊子的重量!”

“嗯?”小国王心里想的却是：国王等于士兵。“大象和蚊子自然不可能一样重啊。”

“自然。”张晓数接着为小国王用下面的方法论证起来——

设 x 为大象的重量，y 为蚊子的重量。用 $2v$ 表示这两个重量的和，

那么 $x+y=2v$；

由这等式又可以得两个等式，

即 $x-2v=-y$，$x=-y+2v$；

将这两个等式左与左乘，右与右乘，

则 $x^2-2vx=y^2-2vy$；

再在所得的等式的两边各加上一个 v^2，得：

$x^2-2vx+v^2=y^2-2vy+v^2$或 $(x-v)^2=(y-v)^2$；

求这个等式两边的平方根，

得 $x-v=y-v$；

即 $x=y$。

“嘿，真的啊！大象的重量 x 真的等于蚊子的重量 y

了！”袁园圆惊呼道。

“这可得分析分析，看看是怎么回事。”李晓文也觉得很奇怪。

“其实错误非常简单。”张晓数笑道，“在求等式 $(x-v)^2=(y-v)^2$ 左右两边的平方根的时候，他没有注意到两种可能的结果：一种可能，$x-v=y-v$；另一种可能，$x-v=v-y$。在这两种可能中，只有第二种是正确的……”

“可原因是什么呢？”没想到小国王的注意力真的被吸引过来了。

“究其原因嘛……”张晓数想着怎么深入浅出地给小国王讲解清楚，“因为 x 和 y 都是正数，所以由最初的等式 $x+y=2v$ 可以得出，如果 $x>v$，那么 $y<v$，这属于第一种情况；如果 $x<v$，那么 $y>v$，这属于第二种情况。”

“我知道了，我知道了！”小国王突然兴奋起来，“在第一种情况中，$x-v>0$，$y-v<0$，所以等式 $x-v=y-v$ 不能成立，这是因为正数不可能等于负数！”

“陛下高见。”张晓数马上夸了小国王一句。

“而在第二种情况中，$x-v<0$，$y-v>0$，也不能证明等式 $x-v=y-v$ 是正确的。”小国王继续说道，“第二种可能 $x-v=v-y$ 与第一种和第二种情况都不矛盾。如果采用这个等式，这位数学爱好者就不会犯错误，也就不会得出任何新结果来了——从等式 $x-v=v-y$ 中只可能重新得出等式 $x+y=2v$。”

“这也就是说，大象的重量不可能等于蚊子的重量。”袁园圆做了一个阶段性的总结。

“你的意思莫不是要告诉我，士兵的生命不等于国王的生命?”小国王笑道。

“我可没有那个意思。”张晓数也笑了，“我刚才说了，我们只是研究一下生活中的相等或不相等的关系。”

“事实是无论数学上相等与否，我还是认为人的生命是等价的。”李晓文坚决地说道，“不管他是士兵还是国王。”

“我部分同意你的观点吧。”袁园圆看看李晓文，又看看小国王，犹豫地说出了自己的观点。

而张晓数则宽容地笑笑，不做回答。

“看来你还是坚持那种‘不平等说’了?”

“我没有……”张晓数想要解释，但小国王打断了他：“我看你有这种想法——好吧，我们不谈论这个了，换一个话题：生活中的这种相等是否也可以进行替换呢？有没有什么题目?”

“陛下的意思是……?”李晓文有点不明白。

但张晓数明白了，而且很快就想出了一道题目。

“这样吧，陛下。”张晓数一边画图一边说道，“咱们来看看您的各兵种重要性是否一样。”

“好!”对这种比较法小国王十分满意。

各兵种和巧克力都注意了

张晓数画了一个假想的天平，左边是一支空军加一支陆军，右边是一支导弹部队。

“咱们先看空军——您的一支空军与一支导弹部队相比，您觉得哪个威力更大，哪个更重要一些?”张晓数问道。

“威力大的自然是导弹部队。”小国王马上答道，“但从重要性上来说，它们是不能比的。”

“好，那咱们就说威力吧，导弹部队的威力最大。那么一支空军加上一支陆军的力量是不是与一支导弹部队的力量就差不多了?”张晓数继续问道。

“姑且这么说吧。”小国王点点头。

张晓数画了一个假想的天平，左边是一支空军加一支陆军，右边是一支导弹部队。“现在把左边的这支陆军调到右边去，而把导弹部队换成一支海军的话……”

“应该也是差不多的。”小国王表示同意。

“现在调走左边的空军，另放上 2 支同样的导弹部队，而右边的陆军换成2支同样的海军……”

“应该也是差不多的。”小国王继续表示同意，“2支导弹部队与3支海军的效力也是差不多的。”

“所以说还是有一些差别的。”张晓数笑笑。

“那一支空军比一支陆军要重要多少?”袁园圆突然问道。

“这个……”小国王一时答不上来。

“咱们不妨算算。”张晓数并不担心，“咱们看看刚才这三种情况，一支空军加上一支陆军与一支导弹部队相当，一支空军与一支海军加上一支陆军相当。那么现在我们在两边各加上一支陆军……”

“显然是不会破坏平衡的。”这一点连李晓文都看出来了。

“也就是说，一支空军加上一支陆军与一支海军加上2支陆军的力量是相当的。”张晓数说道，“那么比较一下就能发现，一支导弹部队相当于一支海军加上2支陆军的威力。又因为2支导弹部队与3支海军相当，所以3支海军的力量等于2支海军加上4支陆军的力量。”

“乱了乱了!”小国王大叫头疼。

“别乱。”张晓数笑着说道，“现在从左右两边各拿掉2支海军，就可以知道1支海军的力量等于4支陆军的力量了。现在再用4支陆军掉换1支海军，那么5支陆军与1支空军是能平衡的。”

“也就是说——”袁园圆有些明白了，“如果假定的导弹部队最重要这一前提成立的话，那么类推下来，也就是说一支空军比一支陆军要重要 4 倍。”

“顺便还能知道，一支导弹部队比一支陆军重要 5 倍。”李晓文补充道。

“乱了乱了……”小国王还在嘟囔。

“陛下还有什么乱的?”张晓数连忙问道。

“没有没有。”小国王生怕张晓数再给他仔细讲述刚才那道“乱”题，连忙改口，“我说的是‘饿了饿了’。”

“可惜给养还没有送到啊。”小国王这么一说，李晓文觉得自己也有些饿了。

“我这里还有几块昨天剩下的巧克力……”袁园圆刚一开口，就发现那三个男生——自然包括小国王在内——眼睛都盯着她的口袋。

“不过你们不能这样吧，这可是人家自己节省下来的啊!”袁园圆连忙捂住口袋。

“按智力水平奖励怎么样?”小国王饿得都有些语无伦次了，甚至说出了让李晓文他们极为震惊的话来，“你出数学题考我们都行!”

“真的?”袁园圆眼珠一转，“考就考。”

“谁怕谁!”小国王嘴上说着，心里想的却是：我怕饿!

“好，现在这里有 11 块巧克力……”袁园圆点清了巧克力的数目。

“哇——!”三个男生的口水都流了下来。

“现在我宣布——”袁园圆郑重宣布，“无论是谁——

不，只有陛下可以参赛!”

李晓文和张晓数一听，马上灰心丧气起来。因为小国王至少还有取胜的可能，可他们连输的机会都没有了。

“现在，小国王你听好啊。”袁园圆兴奋地连“陛下”都不叫了，“这 11 块巧克力放在桌上，我先拿巧克力，数目可以是 1、2 或 3，然后你拿，数目也必须是 1、2 或 3。现在听好——谁拿到了最后一块巧克力……”

“就可以把它吃掉!”小国王急忙说道。

“就算是输了!”袁园圆大笑起来。

“这容易吧，我不拿就是了。”小国王觉得问题不大。

“这袁园圆是故意让着小国王的吧。”李晓文不满意地嘟囔道，“想把巧克力只给他吃就直说嘛。”

“还只给他吃呢，这小国王输定了!”张晓数奇怪地看着李晓文。

“输定了?”李晓文不相信。

“不信你看着。”张晓数自信地说道，“别说 11 块，就是随便多少块，无论怎么个拿法，这小国王都输定了。”

“未必吧。”没想到小国王听到了张晓数的话，笑着摇摇头，“我哪有那么容易就输了?再说了，就算第一回输了，我还没有个记性?不会吸取教训再来一次?”

没容张晓数再说话，小国王就问袁园圆道:“假如我第一次输了，我有权再玩第二次第三次吧?”

“陛下可以玩无限次。”袁园圆信心十足地说道。

“那就好办。”小国王高兴地说道，“我就还不相信我一次都赢不了了!”

你还就是一次都赢不了。张晓数在心里说道。但他没有把这话说出来，他想让小国王亲自接受教训。

果然，小国王玩了一次又一次，结果一直都是输的。最后那块巧克力都快被拿化了，还是总被小国王拿到——而这也就意味着他永远都吃不到。

“这到底是怎么回事?”这时小国王才想起张晓数当初

的提醒，回过头来请教张晓数。

“只要她先拿，陛下的结局永远是输。”张晓数断言道。

“这可真奇怪。”小国王依旧怀疑这种说法，“你得给我好好讲讲。”

“咱们从‘末尾’算起，这样比较方便。”张晓数说着便给小国王讲解起来，“在最后一轮，袁园圆要是留给陛下一块巧克力，而陛下在这一轮必须拿一块巧克力，那么就等于陛下输了，对不对?”

“对。”小国王点点头。

“那么在倒数第二轮，袁园圆应该留给陛下几块巧克力呢?”张晓数先是问小国王，但马上就自问自答地说道，“显然应该留下 5 块。”

“也就是说，假如这时候陛下拿去 1、2 或 3 块巧克力，那么我接着可以相应地拿去 3、2 或 1 块巧克力。”袁园圆也插进来讲解，“总之留给陛下的应该是 5－4＝1 块巧克力。”

“现在一共是 11 块巧克力。所以开头先拿的袁园圆应该拿 2 块巧克力，因为这样才好留给陛下 9 块巧克力；而在第二轮里，袁园圆应该留给陛下 5 块巧克力，那么才好在第三轮里留给陛下 1 块巧克力——以取得胜利。”张晓数详细分析道，“袁园圆留给陛下的各次巧克力数量——从末尾算起——应该是：1、5、9 块，其中第一个数是 1，每下一个数都比前面那个数大 4。”

“看来 11 真是个害人的数字。”小国王抱怨道。

巧克力还得再出场一次

“我可没这么说，”张晓数笑笑接着说道，“而且为了公平起见，我打算让陛下来分这些巧克力。”

“恐怕不仅仅是 11。”袁园圆大笑起来。

“不错。把 1、5、9 这个级数继续延伸下去，我们就能找到游戏开始时是 30 块巧克力的制胜窍门：1、5、9、13、17、21、25、29。”张晓数继续发挥，“所以说，当游戏是 30 块巧克力时，先拿的人开头应该拿 1 块巧克力，把 29 块巧克力留给对方，以后每次应该相应地留给对方 25、21、17、13、9、5、1 块巧克力。”

“其实还可以继续推广的。”袁园圆真有点得寸进尺了。

“是啊。只要和上面一样考虑，我们就可以得出结论。”张晓数真的推广起来了，“每次留给对方的巧克力如果能按照下面的数量——还是从末尾算起，就能最终取胜：1，$p+2$，$2p+3$，$3p+4$……依此往下推，直到最接近 n 但小

于 n 的数为止。”

“快糊涂了。”小国王对于抽象的理解总是有点困难。

“不糊涂。”张晓数有时候就是不会看别人脸色，“这个数我们用 N 表示。按照上面的规则，第一个人如果第一次拿 $n-N$ 块巧克力，那么他就胜了；但如果 $n-N=0$，那么获胜的就不是第一个人，而是第二个人了。”

“看来还是和选的数目有关。”小国王这话说得倒是不错。

“我说你们分了半天，到底谁吃上巧克力了。”李晓文说话的时候都有点有气无力了，看来他是真饿了，而且刚才说的那些数学问题，他实在是有些不太明白。

“算了算了，我们把这些巧克力先分掉一些吧。”袁园圆大度地说道，“一人一块，拿着。”

本来袁园圆是等着李晓文、张晓数和小国王张开手来接的，没想到她刚把巧克力拿出来，那三名男生就像狼一样把巧克力抢了过去，然后都一口吞下，就继续盯着她看。

“你们要干什么嘛！”袁园圆这叫一个气啊！“没有了！”

“别那么小气嘛。”李晓文央求道。

“就是就是。”张晓数也附和道。

“回头我加倍还你还不成吗？”小国王豪气万丈地说道，“加 10 倍成不成？加 100 倍成不成？”

“这买卖不错啊……”袁园圆看着他们的馋样感到好笑，“我得想想……”

“你尽管想。”小国王挥挥手，“我们不要打扰她。”

“不过我想的时候得吃一块巧克力。”袁园圆故意说道。

“啊？”小国王先是一愣，但马上大度地说道，“吃吧吃吧，思考也需要能量嘛。”

袁园圆拿出一块巧克力——三个男生眼睛都看直了！她慢慢地把它放进嘴里，然后慢慢地咀嚼和品味……

“想好没有啊？”小国王催道。

“还没有，恐怕还得再吃一块。”袁园圆又故意说道。

“那还能剩几块了……”小国王一副痛心的样子，“那就吃吧。”

袁园圆重复吃巧克力的动作，三名男生那叫一个馋啊！

“怎么样？”小国王看着袁园圆把巧克力咽下去，紧张地问道。

“恐怕还得……”袁园圆强忍住笑，“再想想……”

“最后一次！”小国王终于受不了了，“这必须是最后一次！”

“好吧好吧，”袁园圆终于笑了出来，“我不想了，我自己保留一块巧克力总可以吧？”

“好吧，那剩下的我们三个平分。”小国王勉强同意了。

“不对，”袁园圆表示反对，“剩下的咱们四个平分。”

“你不是已经有了……”小国王急了。

“那是我的私有财产，不能算数的。”袁园圆也急了，“你要这样的话，我就不同意平分了。”

“那……好吧。”小国王不答应也得答应。

“那好，”袁园圆把剩下的 4 块巧克力放在面前的空盘子里，“谁也不许抢啊。4 块正好够咱们平分。”

“对，正好够分。”小国王说着就要伸手去拿巧克力。

“慢着，咱们得先商量商量。”张晓数笑着说道。

也不知道折腾了这么半天，这个张晓数突然不饿了，还是因为别的原因，总之他现在不急于瓜分巧克力了，而是突然想要戏弄一下小国王。

“怎么？”小国王一下就有些心虚，“就因为我刚才……就不分给我吗？”

“我可没这么说，”张晓数笑笑接着说道，“而且为了公平起见，我打算让陛下来分这些巧克力。”

“这就好说了。”小国王心想：我怎么也不会不给自己分到一块巧克力，说不定找个理由还能分到两块。

“好的，那么现在我要宣布分巧克力的规则了。”张晓数说道，“首先，咱们必须平分这些巧克力……”

“这还用你说吗？”小国王已经有些迫不及待了，“自然得平分。”

“好，平分的意思就是我们四个人每个人都要分到一块巧克力。”张晓数用手势制止住小国王的插话，他知道小国王又要说“这么简单的道理还用你说”，“但是，盘子里还要留下一块巧克力。”

小国王一下愣了，他缩回正要抓巧克力的手，指着张晓数说不出话来。“你你你……”

“怎么？”张晓数故意问道。

“你这简直是不讲理嘛。”小国王没想到张晓数会想出这样一个“平分”规则，“4 块巧克力 4 个人分，怎么可能一个人分到一块然后盘子里还剩下一块!”

小国王突然觉得这个张晓数有些蛮不讲理了。看来他马上想起了自己平时也蛮不讲理，尤其是在数学方面的蛮不讲理。据说人总是在别人身上看到自己的缺点时最不能忍受。

“没有不讲理啊。”张晓数故意作出一副委屈的样子，“数学就能解决这个问题。”

“我才不信。”小国王一脸的不屑，他心想：别整天拿数学来糊弄我，我就不相信数学能多变出一块巧克力来。

“真的。”张晓数又摆出一副真诚的姿态来。

“那好，我想出一个办法。”小国王突然眼珠一转，想出一个主意来，“那么我聘请著名的数学大师张晓数来分这些巧克力怎么样?”

“哦?”张晓数笑了起来，好像非常得意的样子，“没问题啊。”

“请。”小国王把盛巧克力的盘子往张晓数面前一推。

“不过我有个条件。”张晓数接过盘子，对小国王说道。

“你说。”

“假如我能按照我的要求分好，那你可得输我一块巧克力。”张晓数提出了他的条件。

小国王心想：这损失可不算小，不过我就不相信他能这么分公平了。

“那你要是分不成功怎么办?”小国王问道，“我是不是也能提点条件?”

“可以。你尽管提好了。”张晓数很大方地请小国王提条件。

“假如你要做不到的话，我就要所有的巧克力。”

补充完营养就动身吧

其实任何一个题目做得是否简便，全在于思考的起点选择得是不是适当。

小国王提完这个要求，还专门看看李晓文和袁园圆。他的意思是：光你张晓数答应了没有用，得李晓文和袁园圆都答应了才行。

李晓文和袁园圆对视了一眼，一起朝小国王用力地点了点头。

“好，一言为定!”张晓数笑着开始了他的分巧克力过程。

张晓数先拿出一块巧克力分给袁园圆。

“女士优先，分给袁园圆一块。”

“谢谢!”袁园圆接过巧克力。

“再分给我的好朋友李晓文一块。”

李晓文接过巧克力，点点头表示感谢。

小国王一直冷眼旁观，心想：我看你能变出个花来。

然后张晓数把一块巧克力拿在手里，说道：“这块巧克力分给我自己。”

小国王开始紧张起来，心想：下面那块究竟是不是我的呢？

“现在，这块最大的巧克力，分给我们最令人尊敬的国王。”张晓数捧着盘子，把巧克力送到小国王面前。

“哈哈，你到底输了。”小国王十分兴奋地说道，“4 块巧克力都分完了，可盘子里并没有剩下一块。”

“陛下请您看清楚了。”张晓数指指盘子，“您的巧克力在这儿呢。”

“是啊，在这儿啊，怎么？”小国王感到莫名其妙。

“它仍在盘子里。”张晓数补充说道，“每个人都分到了巧克力，但一块在盘子里。”

“这这这……”小国王一时找不到理由反驳，但又觉得张晓数的解释根本不合理，“我要是吃了它，它就不在盘子里了！”

“可我们说的不是吃掉，陛下。”张晓数拦住小国王，“我们说的是分巧克力。”

“这……”小国王还是不知道说什么好。

“而且陛下现在已经没权利吃这块巧克力了。”张晓数继续说，“您已经输掉了这块最大的巧克力。”

“我提议，这块多出来的巧克力送给我们美丽的袁园圆小姐。”李晓文从发呆的小国王手里拿过巧克力，然后送到袁园圆手里，“我想陛下也会同意这种选择。”

“我不……”小国王想要反对这个决议，但又不想食言，愣愣地不知道怎么办才好。

“好了，你们别逗他了。”袁园圆不忍心看着小国王受欺负，“你们这是数学吗？你们这整个是脑筋急转弯。”

“对对，急转弯！”小国王马上接口道。

袁园圆把巧克力还给了小国王。小国王连忙把它塞进嘴里，生怕再被别人抢走。张晓数和李晓文都大笑起来。

“有什么好笑？”小国王瞪着眼睛说道，“这种什么急转弯我也会出，而且比你们出的还数学！”

“哦？”小国王此言方出，张晓数和袁园圆都非常惊讶，李晓文甚至把已经吃到嘴里的巧克力给吐了出来。

“你也会出题？”李晓文看着小国王说道。

“而且还是急转弯题。”袁园圆忍住笑说道。

“最关键的是还很数学。”张晓数貌似郑重地点点头。

“嘁，知道你们不相信。”小国王咽完最后一口巧克力，抹抹嘴说道，“听着，我要出题了。”

“洗耳恭听。”李晓文马上做好准备听题。

“房间的四角各有 1 只猫。每只猫对面各有 3 只猫，每只猫后面又各有 1 只猫。”小国王比比划划地说出来，“你们说，房间里一共有几只猫？”

“房间的四角各有 1 只猫，这就是 4 只。”李晓文掰着指头嘟囔起来，“每只猫前面还有 3 只猫，这就是三四一十二只，加上原来的 4 只，也就是 16 只……”

“你忘了那 4 只猫的每只背后还有 1 只猫。”袁园圆提醒李晓文道。

“我还没算完嘛。”李晓文连忙继续加，“16 只再加上 4 只。”

“20 只。”张晓数说道，“这还用算？”

“哈哈！你们全错了！”小国王高兴地哈哈大笑，“总共只有 4 只猫。”

“天！是上当了！”张晓数马上反应了过来，“房间的四角各有 1 只猫，它们每只对面自然各有 3 只。”

“可每只后面还有一只是怎么回事？”李晓文还是有些不明白。

“傻瓜，每只猫背后自然就是自己啊！”小国王还在笑，几乎要把肚子笑疼了。

“咱们都被小国王耍了，巧克力都该输给他。”袁园圆摇摇头，承认了小国王的胜利。虽说她也觉得“每只猫背后的那只猫就是它自己”有些牵强，但还是觉得小国王的题目有点水平。

“都吃完才说。”小国王不满意地说道。

“不过说老实话，这个急转弯是比我的那个要更数学一些。”

大家吃了喝了之后，张晓数向小国王建议，还是早些动身比较好。因为刚才这里的士兵告诉他们：自动运行道坏了，需要长途跋涉才能走到地下指挥所。

“平均每天要走 20 千米呢。”袁园圆补充道。

“着什么急啊。”小国王有点懒了，“那就每天走 20 千米好了。”

“开始的时候咱们不熟悉路线，估计前一半时间每天走不了 20 千米，最多就能走 10 千米。”张晓数告诉小国王。

“那后一半每天走 30 千米好了。”小国王还是满不在乎，“这样坚持下来，仍旧能做到平均每天走 20 千米。”

“这么算肯定是错的。”张晓数笑了。

“怎么会错呢？”小国王不明白，“10＋30＝40；40÷2＝20。前一半路程我们每天少走了 10 千米，后一半路程我们每天比平均数多走 10 千米不就得了。”

“虽说看起来没错。”张晓数笑着说道，“但你每天走的平均数可不到 20 千米。陛下再好好想想吧！”

小国王想不清楚。

“我来给你讲。”袁园圆热心地说道，“其实任何一个题目做得是否简便，全在于思考的起点选择得是不是适当。从代数上来说，就是未知数取得是不是适当。”

“你和我说这些干什么？”小国王奇怪道。

“选择未知数啊，这很重要的。”袁园圆一点也不着急，“在解这道题的时候，咱们得注意一点，我们走这段路的速度，后一半是前一半的三倍。”

“那用 n 代表咱们走后一半路程所需要的天数。”小国王开始列式，“那么路程的前一半咱们走了 $3n$ 天，每天 10 千米。”

“对！由此可知，一半路程是 $3n\times10=30n$ 千米，全部路程就是 $60n$ 千米。”袁园圆接着小国王的思路说下去，“咱们走全部路程要用 $3n+n=4n$ 天。因此，不管整个路程的总千米数是多少，咱们每天平均走的路程是 $60n\div4n=15$ 千米。”

“嘿嘿。”小国王绕着那式子转了三圈，觉得十分神奇。

跨越深渊

路途确实十分艰难，他们走得很辛苦。但崎岖的道路还不是最麻烦的，最麻烦的是经常会遇到一些障碍。

由于袁园圆的计算，小国王被说服了，带领大家一起动身。

路途确实十分艰难，他们走得很辛苦。但崎岖的道路还不是最麻烦的，最麻烦的是经常会遇到一些障碍。比如眼下，四个人面前就横亘着一道又深又宽的深渊。

“怎么办?”袁园圆无助地看着三个男孩子，女孩子遇到困难和麻烦的时候总是这样。

“这里好像有个说明。”张晓数指着旁边墙上的一张纸说道。

“又是密码，不过这密码比较小儿科。”李晓文看了看那说明，就直接把密码翻译成了明文，“这意思应该是说：这个交通工具可以将人输送到对面去，此交通工具可容纳两名驾驶员，或者一名乘客……”

“这不胡扯嘛。”小国王大叫起来，“能容纳一名乘客有什么用，乘客自己又不能驾驶这个交通工具。”

“……前提是这名乘客能够驾驶这一交通工具。”李晓文补充道，“我刚才还没有念完。”

“可这里还没说这个交通工具是什么啊。”袁园圆突然发现一个问题，“不说是什么交通工具怎么知道会不会驾驶它。”

“这个交通工具嘛……”李晓文摇摇头，“我翻不出来。名词最难翻译了。”

“咱们可以查看一下。”张晓数提议道。

于是几个人开始在附近寻找所谓“交通工具”，结果发现居然是一个气球！严格地说来，应该称之为飞艇。

“天，怪不得如此！”张晓数感叹道。

“怎么？”小国王不明白张晓数为什么感叹。

“这么个小吊篮，最多也就能容纳一名乘客。”袁园圆回答了小国王的问题。

“关键还不是它能容纳多大的体积，而是它能承载多大的重量。”张晓数说出了自己的想法。

“那不对啊。”袁园圆突然提出异议，“刚才说明上可说，这个交通工具能够容纳两名驾驶员。”

“既然能承载两名驾驶员，就应该能承载两名乘客。”张晓数肯定地说道。

“呵呵，这下你们可错了。”李晓文似乎发现了什么，“看，那就是驾驶员。”

大家随着李晓文的手指看去，才发现所谓“驾驶员”，原来是两名小小的机器人——它们正站在飞艇下面的吊篮里冲他们笑呢。

“陛下小心！”李晓文突然挡在小国王身前，“您正与电脑和机器人交战啊！它们会对您构成威胁！”

“哈哈哈哈哈哈！”小国王大笑起来，“这两个不是真正的机器人，它们不能执行电子指令，是用发条做动力的，根本没有头脑。”

大家这才放下心来。

而且大家马上就明白为什么能够承载两名驾驶员，而不能承载两名乘客了。因为那两个机器人看起来只有一只猫的大小，估计也重不到哪里去。“两只猫”还勉强能在飞艇的吊篮里容身，一个人加“一只猫”的话空间还就真不够了。

“我说你们别琢磨这个了好不好？”小国王制止了大家的讨论，“咱们先讨论最重要的问题行不行？讨论讨论怎么

利用这个交通工具和这两个小不点过去。”

“陛下说得是。”张晓数连忙带领大家转换了话题，“还真得琢磨琢磨。”

“这还不简单，我先过去……”李晓文话音未落就发现了自己方案的不妥之处，“哦，不行，那飞艇就回不来了。”

“也不一定，那你就带一名驾驶员过去。”袁园圆提出一个建议，“噢，那也不行，吊篮容纳不下。”

“看来还真得好好想一想吧。”小国王得意地说道，也不知道他在得意什么，因为他根本就没能想出什么好办法来。

“是得好好想一想。”张晓数蹲在地上，开始用小纸片移动，看看哪种方案真正可行。

想了一会儿，小国王都有些不耐烦了，正要催促张晓数快些，这时张晓数主动抬起头来：“办法出来了。”

“怎么办？”小国王急忙问道。

“这样——让两名驾驶员先驾驶着飞艇过去。”张晓数指挥道，“然后让它们中的一个再把飞艇驾驶回来。”

两名小机器人驾驶员照办了。

“现在谁先过去？”张晓数指着被一名小机器人驾驶员驾驶回来的飞艇问道。

“我！”小国王自告奋勇，率先要求过去。

小国王心里想的是：能早过去就早过去，万一一会儿过不去了怎么办？这个张晓数说是数学不错，可数学毕竟不能解决所有问题，谁知道这种交通问题数学能不能解决啊？再说了，就算真能解决，万一他算错了怎么办？

“你会驾驶飞艇吗？”袁园圆担心地问道。

“不会咱还不会学吗？”小国王自信地拍拍胸脯，“在今天之前我确实不会，可刚才看了两位小机器人驾驶员的表演，我觉得其实也没什么。”

“那好。”张晓数同意了，“过去以后让对岸那个小机器人再把飞艇驾驶回来。”

“哎——你们可不能丢下我不管啊！”小国王听说让他自己一个人在那边待着，心里多少有些打鼓。

“放心吧，不会丢下你。”张晓数拍拍小国王的肩膀说道，“你就一切行动听指挥吧。”

小国王自己驾驶着飞艇朝对岸飞去。说实话，小国王其实还是挺聪明的。开始的时候，确实把飞艇驾驶得七扭八歪的，可没过一会儿，他就把飞艇驾驶得有模有样了，还时不时地驾驶着飞艇玩两下花样，急得张晓数直冲他喊：“我说陛下，你就抓紧时间过去吧，别做特技表演了。”

小国王过去之后，很快便让小机器人驾驶员把飞艇驾驶了回来。可这次张晓数并没有安排另外一个同伴过去，而是安排另外一个小机器人驾驶员和刚到的这个小机器人驾驶员一起回去。这下李晓文明白了张晓数的打算：

“然后再让一个小机器人驾驶员驾驶着飞艇过来，让袁园圆自己过去；然后再让那边那个小机器人驾驶员把飞艇驾驶回来接这边这个小机器人驾驶员，然后再派其中一个小机器人驾驶员把飞艇驾驶回来……”

“明白了吧。”张晓数赞许地朝李晓文点点头，“就这么一趟一趟地，虽说麻烦点，但能保证咱们都过去。”

“别说咱们，就算有再多的人，都能靠这个方法过去。”袁园圆看出了更深的门道，“有多少人，就重复多少次。”

结果，袁园圆先过去之后，李晓文和张晓数也都分别过去了。三个人和两个小机器人驾驶员挥手告别，继续前行。

破“密码”门而入

“武松打虎才算英雄嘛。”袁园圆说这话的时候几乎要哈哈大笑了，“武松打猫就不算什么了。”

但前面的道路也不那么通畅，至少这一道道密码门就成了阻碍四个人前进的障碍。

在一道密码门前，小国王他们正在凝神思索。

“这种密码其实是一种相当简单的数学游戏。”李晓文看着那两行数字说道，“第一道题要求在 9，8，7，6，5，4，3，2，1 这 9 个数字之间加上一些加号，然后使这个算式的和等于 99。”

“那第二道呢?”小国王总是那么着急。

“陛下可以自己琢磨琢磨嘛。”袁园圆对小国王说道，“其实很简单。”

小国王听了袁园圆的话后，果然自己去看那题目，而且发现自己一下就明白了那题目的意思：“这题目是不是要求在 1，2，3，4，5，6，7 这 7 个数字之间加上一些加号，然后使这个算式的和等于 100?”

“陛下高见。”李晓文赞许地朝小国王点点头。

“数字少了，和反而更大了。”小国王嘟囔道，“倒是比较好玩。”

“这和数字多少是没关系的。”张晓数笑着解释道，“反正这些数字只是符号，有些之间要是不加加号的话，它们就成了一些两位数或多位数。”

“可以这样吗？”小国王有些惊讶于这样的规则。

“自然可以。”袁园圆马上同意。

“那我觉得就很简单了。”小国王颇为自信地说道，“我觉得我很快就能做出来。”

“那好，咱俩比赛。”袁园圆提出与小国王比赛。

“没问题！”小国王兴致勃勃地开始做起题来。

结果小国王比袁园圆还先交了卷。张晓数和李晓文对视了一眼，都感到很惊讶，因为这可是一个过去十分厌恶数学的小国王啊。

小国王的答案是这样的：9＋8＋7＋65＋4＋3＋2＋1＝99

张晓数检查了一下，认定这道题小国王没做错。这时袁园圆才交了卷，小国王与张晓数一起检查她的答案。

“嘿，和我做的好像不太一样啊。”张晓数看了袁园圆的答案后说道。

袁园圆的答案是这样的：9＋8＋7＋6＋5＋43＋21＝99

“可答案也对。”张晓数评判道，“不过袁园圆的速度比小国王慢，所以判袁园圆输。”

小国王很得意，但袁园圆对他挑战说："咱们再来比第二题。"

"比就比。"小国王也不甘示弱。

这次小国王和袁园圆几乎是同时交卷，几乎同时喊出了"我做出来了"，但袁园圆还是稍微慢了一点点。

这次两人的答案仍旧不同。

小国王的答案是：1＋2＋34＋56＋7＝100

袁园圆的答案是：1＋23＋4＋5＋67＝100

"第二局，依旧是小国王胜。"张晓数宣布说，"袁园圆稍慢一点，输了这一局。"

"还是不要这样吧。"小国王有些不好意思了，尤其对手是一个小姑娘。他对袁园圆说道："这样吧，既然你的答案都与我的答案不同，那就算咱俩平手吧。"

"不，该认输就认输。"袁园圆大方地说道，"咱们以后肯定还有再比的机会，我就不信总输给你。"

"好！"小国王冲袁园圆伸出手去，"一言为定！"

"一言为定。"袁园圆与小国王击掌盟誓。

密码被破解之后，两道锁都打开了。大家走进了一个长长的甬道。

大家朝前走着，而李晓文却故意把袁园圆拉到后面："我说你刚才怎么算得那么慢啊？"

"我是故意的。"袁园圆神秘地笑笑。

"啊？"李晓文不知道袁园圆葫芦里卖的是什么药。

"而且我把两个答案都做出来了。"袁园圆继续说道。

“这我就更糊涂了。”李晓文更加不理解袁园圆的做法了。

“不信你看。”袁园圆摊开自己手里的纸片，李晓文看到了袁园圆的“原始答案”。果然，上面写着两行算式，正是小国王写出的那个算式和后来她自己交出的那个算式。

“那你……”李晓文求教地向袁园圆问道。

“咱们得鼓励一下小国王学数学的积极性啊。”袁园圆终于道出了自己的想法。

“天啊，你可真有想法!”李晓文这才明白了袁园圆的深意。

“其实我早写出了两个答案等着。”袁园圆解释说，“小国王交卷的时候你们都被他的速度吸引住了，我就马上重

写了一下答案，让它就剩一个了。”

“你可真是煞费苦心啊。”李晓文感慨道。

“那可不是。”袁园圆倒是同意这种说法，“这事还只能我来干。要是张晓数做这种假动作，小国王那么聪明，肯定能看出破绽来，就达不到效果了。”

“也是啊。”李晓文表示了部分同意，“或者由我来做，由我来做也能达到同样的效果。”

“那可难说。”袁园圆表示反对，“你本来数学就不怎么样，就算输了，小国王也未必就会有什么自豪感。”

“岂有此理!”李晓文瞪起眼睛，几乎要昏过去。

“武松打虎才算英雄嘛。”袁园圆说这话的时候几乎要哈哈大笑了，“武松打猫就不算什么了。”

听了这个比喻，虽说李晓文仍旧不太同意，但还是无奈地笑了。

“可我还是不明白，你怎么可能正好挑到一个与小国王不同的答案呢?”李晓文还不是很明白，“难道是蒙上的?”

“我偷看了呗!”袁园圆笑着说道，“你们那么关注小国王，谁还注意我的行为。还蒙的呢!”

“原来如此。”说着李晓文自己也乐了。

年龄的困惑

李晓文、张晓数和袁园圆都没想到小国王会突然说出这么深刻的话来，他们三个面面相觑。

漫长的甬道终于走到了尽头。从地图上看，越过前面的甬道，就能到达地下秘密指挥所了。

可在甬道门口，小国王他们遇到了一个白发苍苍的老爷爷。

“你是谁?”小国王问道。

“我是陛下父亲的臣属。”那老爷爷说道，“我当年答应了老国王，为陛下看守这最后的据点。”

“您有多大岁数了?”袁园圆问道。

“小姑娘，你有多大啊?”老爷爷反问道，“我随便假设一个吧——这样一来，就可以看看我有多大了。”

“那您就随便假设吧。”袁园圆表示同意。

“那好。”老爷爷说道，“我和你现在一共是86岁。我现在的岁数是未来某年你的岁数的$\frac{15}{16}$，到那时候，我的岁数又是你在另一年份的岁数的$\frac{9}{4}$，如果你能活到这岁数的话。到那一年，你的岁数又是我比你大一倍岁数时的年龄的两倍。”

“嘿！老爷爷和咱们玩起数学来了。”李晓文惊呼道。

“可这难不倒我们。”张晓数笑着说道，“咱们先来看看条件——”

“首先，在某一年，您的岁数比我大一倍。如果我在这年的岁数是x，那么您在这年的岁数就是$2x$。”袁园圆分析道。

“为了清楚起见，可以画个图表示一下。”张晓数在地

上画了一张图，用两条线段表示老爷爷与袁园圆两个年龄之间的关系，其中一根线段比另一根线段长一倍。

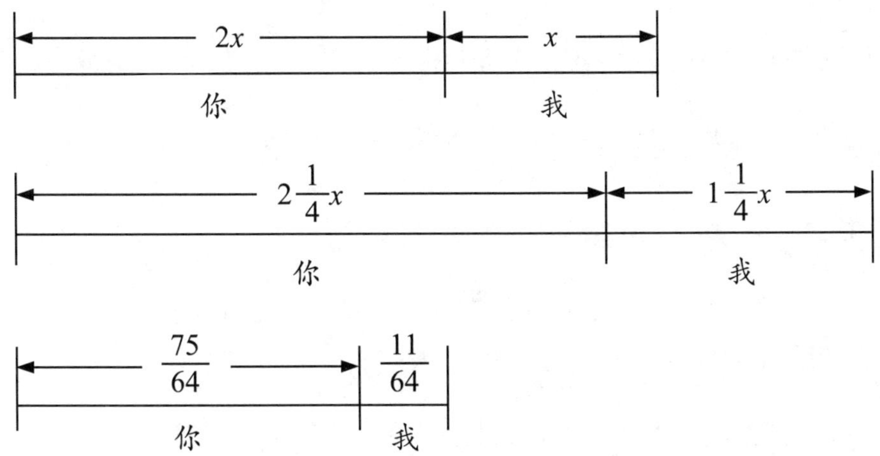

“也就是说，您比我大 x 岁。”袁园圆看着图说道，“这是我们两个年龄的差数，永远不变。”

老爷爷笑着点点头。

“另外有一年，您的岁数是我在刚才那年岁数的$\frac{9}{4}$，表示您的年龄的线段现在应该是$\frac{9}{4}x$，表示我的年龄的线段总是比您的线段少 x，即$\frac{5}{4}x$。”袁园圆继续分析。

老爷爷继续微笑。

“现在您的岁数是我在后来那年的岁数的$\frac{15}{16}$，即$\frac{15}{16}\times\frac{5}{4}x=\frac{75}{64}x$，而我的岁数仍是少 x 岁：$\frac{75}{64}x-x=\frac{11}{64}x$。”袁园圆差不多分析清楚了。

老爷爷佩服地点点头。

“因为我们现在一共是 86 岁，所以$\frac{75}{64}x+\frac{11}{64}x=86$。”袁园圆终于给出了结论，“由此，$x=64$。因此，您现在是$\frac{75}{64}\times64=75$岁，我现在是$\frac{11}{64}\times64=11$岁。”

“呵呵，真不简单。”老爷爷捋着白胡子笑了，“其实我离 75 岁还远哪，当然你也不止 11 岁，对不对?”

袁园圆不好意思地点点头。

“那么陛下，这临时指挥所的一切就都交给您了。”老爷爷对小国王说道，“我的任务完成了。”

“怎么能说完成了，您还得继续帮助我呢。”小国王一边带着李晓文、张晓数和袁园圆走进甬道，一边还搀扶着老爷爷。

“老臣守在门口习惯了。”老爷爷拿开小国王的手，“陛下进去吧，里面的事情还很多呢。”

“可……”小国王愣在那里，不知道怎么办才好。

“这里总得有人守着啊。”老爷爷笑着说道。

小国王只好带着李晓文、张晓数和袁园圆进去了。在路上，他还在回想老爷爷的那道年龄问题。

“真是忠心耿耿的老臣啊！题目出得也挺好玩的。”小国王感慨道，“谁再来一道怎么样?”

“好。”张晓数很高兴小国王能对数学感兴趣，“就拿咱们俩的年龄来出吧，咱们先假设我们都长大了怎么样?”

“可以！”小国王一口答应。

“我现在的岁数是你过去某年的岁数的两倍，那年我的岁数和你现在的岁数一样。”张晓数开始出题，“当你长大到我现在的岁数的时候，我们两个的年龄一共将是 63 岁。那么现在我们每个人的年龄是几岁？”

“好像还是画图方便。”小国王想了一下，开始画图，“如果把你的年龄用线段 AB 表示，把我的年龄用线段 CD 表示，那么 KB 就是表示出多少年前你的年龄等于我现在的年龄。”

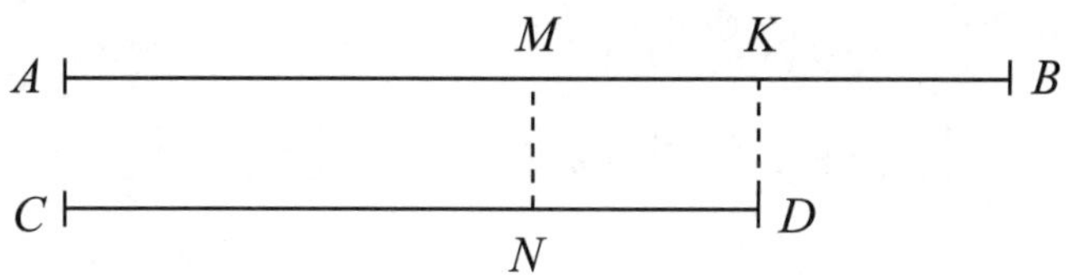

“都能用画图解题了，进步还是不小的。”李晓文凑在袁园圆耳边小声说道。

“而我在那么些年前的年龄要减少 $ND=KB$ 的一段线段，由线段 CN 表示出来，它是 AB 线段的$\frac{1}{2}$。”小国王的思路相当清晰，“由此可以得出，MB 线段中有 2 个 KB 线段；AB 线段中有 4 个 KB 线段，CD 线段中有 3 个 KB 线段。”

张晓数赞许地点点头。

“当我到和你现在一样的年龄时，我的年龄就要用和 AB 一样长的线段表示，在这段线段中已知有 4 个 KB 线段。”小国王继续分析，“而到那时候，你的年龄又要增加

一个 KB 线段，也就是要用包含 5 个 KB 的线段来表示了。”

“这就快解出来了。”张晓数预言道。

“根据条件，$4KB+5KB=63$，即 1 个 KB 线段等于 7 岁。所以——”小国王开始给答案了，“我现在是 21 岁，你现在是 28 岁；7 年前我是 14 岁，正好是你现在的年龄的一半。”

“完全正确！”张晓数高兴地喊起来。

“正确你个头！”小国王却不满意了，“我 21 岁的时候你都能 28 岁了？这不是胡扯吗？咱们不是差不多大嘛！”

“这不是假设嘛。”张晓数为自己的这个小把戏感到兴奋。

“假设也得以事实为基础啊！”小国王叫道，“难道光你长我不长啊！”

“也许您会长得慢一点……”张晓数还在贫，但他没注意到小国王的心情已经开始不好了。

“没有人能够长得慢一点的。”小国王突然伤感起来，“时间和年龄，对每一个人都是无情的。”

李晓文、张晓数和袁园圆都没想到小国王会突然说出这么深刻的话来，他们三个面面相觑。

“陛下这是怎么了？”袁园圆小心地问道。

“没什么。”小国王却不愿意多说，“我突然想起一些事情……”

“陛下是不是想起了父亲？”袁园圆似乎有些明白了。

高塔的故事

“看来老国王的思维十分敏捷。”李晓文想了想马上又补充道，“而且精通数学。”

“今年年初的时候我还和父王讨论过年龄的问题。”小国王点点头。说到父亲，他似乎更加伤感了。

女孩子一般比较细心，袁园圆看出小国王的情绪低落，本想换个话题。可李晓文太粗心了，反倒继续追问道：“当时你是怎么说的?”

“那一天是我的 8 岁生日，而那时父王刚刚度过了自己的 31 岁生日。”小国王叙述起这件事来，有着非同寻常的深沉，与以往判若两人，“我当时问父王：等到什么时候，父王的年纪正好比我大一倍?”

“这得列个方程了。”李晓文嘟嘟囔囔地开始心算。

“其实没那么复杂。”半天没说话的张晓数说，“父亲 31 岁的时候儿子 8 岁，说明他们俩的年龄差是 23 岁，这样一来就很简单了。”

“父王当年也是这么说的。”小国王沉浸在回忆中，“当时他说：‘我们相差 23 岁，那么就只有等你 23 岁那一年，我们父子二人的岁数才能相差一倍。’”

大家听了都沉默了。

“那一年，父王应该是 46 岁。”小国王幽幽地说道。

听罢此言，大家又陪着小国王沉默了一阵。

“我非常清楚地记得当时的情形。”小国王继续回忆，“当时父王几乎没做任何思考，就回答了我的问题。”

“看来老国王的思维十分敏捷。”李晓文想了想马上又补充道，“而且精通数学。”

“你错了。”小国王显然不同意李晓文的说法，“当时父王对我说，其实这个世界上的很多事情没有那么复杂，都是被数学家给搞复杂了。”

李晓文和袁园圆听了目瞪口呆。

“父王当时的语气很坚决。”小国王看着张晓数，语气也同样坚决，“这个世界没有必要样样都靠数学来描述。”

张晓数本来是很想反驳的，但想想刚才小国王的情绪，就把已到嘴边的话咽了回去，决定以后再和小国王争论。他这样做并不是怕小国王，而是对朋友的一种尊重和关爱。小国王似乎明白了张晓数的意思，对他友好地笑笑。

“看见刚才那座高塔，我这里倒有一个故事。”李晓文自告奋勇，“不妨讲出来给大家听听。”

“好好，我就爱听故事。”小国王连忙表示同意。

“据说，几百年前有一个残暴傲慢的老国王。”李晓文开始讲述，“他有一个刚刚长大的女儿，也就是公主……”

“应该是个爱情故事。”张晓数插嘴道。

“不错。公主到了结婚年龄之后，老国王就把她许配给了一个富翁做妻子。”李晓文同意这个故事是一个爱情故事，“可公主心里却爱着一个普通老百姓，他是一个年轻英俊的铁匠。”

“看来两个人只好逃走了。”

“我讲还是你讲啊？”李晓文不满地对张晓数说道。

“你讲你讲。”于是张晓数不再说话。

“两个人确实逃走了，逃进了深山老林。”原来李晓文不高兴的原因是张晓数总是把他后面的故事猜出来，“可他们实在太不走运，又被老国王的手下给抓了回来。”

下面应该是老国王要处死这两个人了，只是不知道能不能对自己的女儿网开一面。张晓数在心里想道。可这回他没敢说出来，免得又惹李晓文生气。

“老国王非常恼怒，决定第二天就要把他们两个处死。”李晓文果然这样讲道。

“你怎么了？”细心的袁园圆突然注意到小国王半天没有说话了，而且脸色也很不好看。

“国王难道总是那么坏吗？”小国王不满地说道，“怎么传说故事里总是把国王写得那么残暴？”

天！怎么没想到这一点？张晓数在心里喊道。

“国王也不都那么残暴，也不都那么嫌贫爱富。”小国王继续说道，“我姐姐是公主，就嫁给了一个普通老百姓，他们现在就幸福地生活在一起。假如我长大后要娶一个普通老百姓的女儿为妻，我想父王也不会反对——可惜我再也看不到他了。”

“对不起对不起，我只是转述这个故事，没别的意思。”李晓文没想到这个故事伤了小国王的心，而且还让他想起了自己已经故去的父亲。

“我们可以把这个故事改改嘛。”袁园圆提出一个建议，“为什么要是老国王的女儿？可以是一个强盗的女儿，她父亲强盗头非要她嫁给另外一个强盗，而这个女儿却爱上了一个国王的孩子，也就是一个王子。故事一样可以很精彩嘛！”

“对对，让强盗的女儿爱上一个王子，也就是未来的国王。”李晓文马上点头同意。

“也就是小国王。”张晓数笑着接道。

“呵呵，这还差不多。”小国王的情绪很容易变坏，但也很容易变好。

“那好，咱们继续讲。”李晓文这才继续讲述下去，“那个残暴的老国王……不不，那个残暴的强盗头，当夜就把抓到的女儿和王子关在那座没有完工的、阴森森的、荒凉的高塔里面，打算第二天处决他们。”

“他们只有这一夜可以逃跑了。”小国王关注起强盗女儿和王子的命运来，“这下可真紧张了。”

“和他们关在一起的还有强盗女儿的一个年轻女仆。”李晓文补充道，“因为她曾经帮助强盗女儿和王子逃跑。”

“这下更麻烦了，王子要救助和保护两个女人。”小国王开始进入角色了，似乎没有想到“自己”也身处危险之中。

“可那王子就是不简单，在塔里一点也不慌张。他这里看看，那里瞧瞧，慢慢地顺着梯子走到了塔的最高一层。”李晓文也沉浸到了故事当中，“王子望望窗外，心想……”

“索性跳出去！”小国王连忙接口。

“不！不能跳！”李晓文马上反对这种说法，“跳下去肯定会摔死。”

“也是啊。”小国王也觉得这个方案欠妥，“就算王子能跳，他的心上人和女仆也没有这个本领。”

“可小国王不但胆大，而且心细。”李晓文真的进入了故事，在不知不觉中竟然把故事里的“王子”换成了“小国王”，但谁也没觉得这种替换不合适，“小国王无意中发现了建筑工人遗落的一根绳子，就在窗边。而这根绳子搭在一个生锈的滑车上面，那滑车正好装在比窗户稍微高一点的地方。”

“真是苍天有眼啊!”听到这里小国王不由得兴奋起来。

“更让人觉得苍天有眼的是，绳子的两头还挂着两个空筐子，一头一个。”

“这两个筐子应该是泥瓦匠吊砖头上来和送碎砖头下去用的。”小国王帮李晓文解释道。

“没想到你还懂点建筑知识。”袁园圆这时插话道。

“别忘了我负责了新王宫的修建。”小国王提醒袁园圆。

“我怎么把这个忘了。”袁园圆吐吐舌头。

“讲故事讲故事。”张晓数在一旁催促道。

李晓文心想：喜欢数学的张晓数居然这么迷恋一个故事，这倒是第一次。

永恒不变的结尾

因为每个筐都可以装下一个人和那一条铁链，或者装下两个人，所以他们三个人最后都顺利地降到了地面。

“下面就要运用一下这两个筐子了。”李晓文笑道。

“我琢磨一下看。”小国王自告奋勇地研究这两个筐子。

小国王的建筑知识确实十分丰富，他不但知道这两个筐子的作用，而且知道怎样操作这两个筐子，他琢磨了几分钟之后，马上想出了筐子的运作模式。“假如一个筐装的重量比另一个筐装的重量重 5～6 千克的话，那么这个重一点的筐就能平稳地降落到地面上，而另外一个筐能上升到窗口。”

“没错。”李晓文赞许道，“这样就有逃走的可能了。”

“对了，你这个题目给的条件不全啊。”小国王好像突然想起了什么似的，“这小国王——我是说故事里的——还有强盗的女儿和女仆的体重都是多少啊？”

“这只是故事嘛。”没想到张晓数为李晓文圆场，“又不是难题征解。”

“有道理，这些应该让你知道。”李晓文却这样说，“小国王在心里估量了一下，强盗的女儿大约有50千克重，那个女仆最多40多千克。”

“那我呢——”小国王问完后连忙改口，“不，那故事里的小国王呢?”

“故事里说的是90千克。”虽说李晓文回答了这个问题，但他总觉得有什么不太对头。

“天哪，我哪有那么重啊!”小国王惊呼起来。

“故事里讲的本来就是一个年轻的铁匠嘛。”李晓文说道，“铁匠都是大块头，体重长到90千克应该不算什么。”

“就不能改改吗?”小国王不满道，“根据情节需要改改。”

“不好现改啊，一改其他所有的重量都得改。”李晓文为难地说道，“因为后面我马上就要用到别的重物了。”

“那就凑合吧。”小国王心里还是有些别扭。

“别着急嘛。”袁园圆安慰小国王说，“等你长大之后肯定会成为一个英俊的大个子的。”

“就是就是。”张晓数也这样说道，“赶快接着讲故事吧。”

于是李晓文继续讲述下去:“小国王在塔里巡视了一番，终于找到一个大铁链子。”李晓文继续往下讲，“重达30千克。”

“原来说的重物就是这个。”小国王还在嘟囔，“其实要我设定得轻一点，这铁链子也就不用那么重了。”

“因为每个筐都可以装下一个人和那一条铁链，或者装下两个人，所以他们三个人最后都顺利地降到了地面。”这次李晓文没理睬小国王的不悦，而是突然讲完了故事。

“完了？”直到李晓文不再说话，小国王才意识到故事好像讲完了。

“完了。”李晓文点点头，“哦，对了，还有，他们在下降的时候，装着人下降的筐的重量，没有一次超出过上升筐的重量 10 千克。”

“不对啊。”小国王没注意李晓文的补充，而是奇怪起来，“不对啊，这怎么能叫一个完整的故事？”

“怎么不能啊？”李晓文笑道。

“什么都没说明白啊。”小国王说道。

“那就是等着听故事的人解答了。”李晓文这才说出讲这个故事的目的，“陛下刚才不是还在说，这个题目给的条件不够嘛。”

“好啊，原来还是出了题要考我。”小国王也才明白过来。

“那就算是吧。”李晓文笑得更厉害了，“现在条件都给够了，陛下该回答这个故事带来的问题了：他们是怎样逃出塔的？”

“让我想想。”小国王说归说，可还是挺喜欢思考这个问题的——尤其主人公还很可能是他自己。

“咱们一起想。”袁园圆也开始动起脑筋来。

“首先，他们应该先把 30 千克的铁链放在筐里降下去。”小国王开始筹划起这次逃跑计划，“然后，再让 40 千克的女仆坐在上来的空筐里降下去。”

“不错。”袁园圆对这一计划表示肯定，“而且这时放铁链的筐子又上来。”

“现在小国王把铁链取出来，叫体重 50 千克的强盗的女儿坐进筐里。”小国王继续谋划这个方案，“强盗的女儿下降时，再把女仆接上来。”

“够折腾的。”半天没说话的张晓数在一旁插话道，“不过好像也没别的办法。”

“就得用这种来回折腾的反复方式。”袁园圆也附和道，“很多数学题都是这种解法。”

“强盗的女儿降到地上之后，走出那个筐。”小国王没管张晓数和袁园圆的感慨，继续自己“折腾”着，“女仆同时从上来的筐中走出来，再回到塔中。”

“方针已经相当明确了。”张晓数忍不住帮小国王说下去，“接着小国王再把铁链放在上面的空筐里，第二次将它降到地面去……”

“放着铁链的筐子到了地上，强盗的女儿坐进去，也就是 50 千克加 30 千克等于 80 千克。”小国王马上把话头抢了回来，“这时那位 90 千克的小国王坐进上面的筐里。”

“小国王降到地上之后，走出那个筐。”袁园圆也迫不及待了，“强盗的女儿也从上来的筐中走出来，回到塔里。”

“现在强盗的女儿把铁链留在上面的筐中。”李晓文——这位原本是出题的人——也抢着说了起来，“铁链第三次降回到地面。”

“这次又轮到 40 千克的女仆坐进上面的筐里，降到地面去。”小国王再次抢回话语权。他们四人就像足球解说员一样抢着解说小国王与强盗的女儿的这场逃亡过程，“现在，让装有 30 千克铁链的筐再上来。然后，强盗的女儿从上来的筐里取出铁链，让 50 千克的自己坐到筐里下降；与此同时，40 千克的女仆又上升了。”

“该到最后一个回合了。”张晓数分析得差不多了，“现在强盗的女儿到了地上，走出那个筐，而女仆则回到了

塔中。”

“没错，最后一步了。”小国王表示同意，“现在女仆把铁链放在筐里，又把它降到地面去，然后自己坐进上来的空筐，与小国王和强盗的女儿会合。而铁链，又最后一次坠落到地上。”

“三个人终于逃离了凶暴的强盗，平安地隐匿到深山中去了。”还是由原来的讲故事者李晓文为这个故事画上了一个圆满的句号，“皆大欢喜。”

“逃到山里可怎么生活啊？”小国王毕竟从小养尊处优惯了，他很怀疑人在山里能够生活，“我觉得还是逃到王宫里更合理一些。”

“那好，我们就让他们逃进王宫。”李晓文大度地答应道，“而且是新建的王宫。”

“算了，就是逃进王宫，逃脱了强盗的追击，也逃不脱机器人暴乱的命运。”小国王听到“新王宫”的说法，不禁又黯然神伤。

“别担心了。”袁园圆安慰小国王道，“不管他们逃到哪里，都会幸福的。”

“为什么？”小国王不解地问道。

“因为所有童话故事的结尾都是这样的——”袁园圆满怀憧憬地说道，“从此，王子和公主幸福地生活在一起。”

还得有个多余的结尾

“我们能回到历史里，到发明电脑的科学家那里去说‘你们可要小心啊，从一开始研究电脑的时候，就给它加上个紧箍咒，让它别有朝一日反叛人类’吗？”

一进入地下临时指挥所，小国王就格外忙碌起来，没时间再与袁园圆对讲童话了。

在小国王的指挥下，人类的军队终于开始反攻了！但进展相当缓慢，而且损失惨重。

“这不是办法。”张晓数摇摇头。

“你有什么更好的办法？”小国王这两天头疼得厉害，听到张晓数说这不是办法，连忙询问他有什么更好的办法。

“靠我们的血肉之躯，很难对付那些钢铁、塑料和电路。”李晓文插话说，“必须想个能对付它们的办法。”

“你这话就等于没说。”袁园圆不满地对李晓文说道。

“必须找到最初的症结。”张晓数却点点头，部分同意李晓文的说法，“我们得找到一个能够使用电脑，却不让它们的智力走偏的办法。”

“对，从一开始就不让它们产生智力!”李晓文坚决地说道，“重新研制一种新型电脑。”

“这个恐怕不太现实。”张晓数摇摇头，“只要研究电脑，早晚都会发展出人工智能来。”

“真是麻烦!”李晓文一屁股坐下，不再费脑子了。

“再说了，就算我们真能从源头上遏制电脑智力的产生，也无法回到历史里面去啊。”张晓数感到很无奈。

“什么意思?”李晓文问道。

“我们能回到历史里，到发明电脑的科学家那里去说‘你们可要小心啊，从一开始研究电脑的时候，就给它加上个紧箍咒，让它别有朝一日反叛人类’吗?”张晓数的语气里充满了讽刺。

“有什么不可以吗?”李晓文不解，“很多事情要是从一开始注意了，就不会产生后来的麻烦。”

“你说得不错，一点都不错，而且非常正确!”张晓数有点没好气地说道，“可我非常想请您解决一个问题——我们怎么回到历史里面啊?”

一听这话，李晓文一下哑口无言了。

“我倒有个想法……”半天没说话的袁园圆突然开了口。

“什么想法!”小国王现在听到有人有建议就着急，“快说快说!”

“这一段没事的时间里，我一直在琢磨‘CH桥’……”

袁园圆说道。

“它们不是在一进来的时候就坏了?”李晓文插话道。

“是坏了，但我把它们……怎么说呢……”袁园圆犹豫地说道,“修得有点……”

“什么叫修得有点?”李晓文很奇怪袁园圆在说些什么,“修好了就是修好了，没修好就是没修好，什么叫‘修得有点’?”

“就是我也不知道修好没修好……”

“这叫什么话?”连张晓数都表示不满了。

“就是说……应该有的功能没调出来，不应该有的功能倒调出来了……”

“这可奇了!”连小国王都觉得奇怪了,“你们说的‘CH 桥’到底是什么?”

经过袁园圆的一番讲解，李晓文、张晓数和小国王才算勉强明白了：原来,“CH 桥”的功能本来是为了进行人机联网，进入虚拟空间，而这一功能在李晓文、张晓数和袁园圆一进入小国王的疆域后就坏掉了。现在，经过袁园圆的一番修理，不但没修好，反而变得很古怪起来。“CH 桥”不再具有空间上的功能，也就是进出虚拟空间，却具备了时间上的功能，也就是在时间中进退!

“不过我还没试过，不知道是不是真的。”袁园圆很犹豫地说道,“反正它上面的提示是这样的。”

“简直是奇迹了。”张晓数感到不可思议。

“而且从它上面的提示，我还发现，小国王这里的历史与我们的历史是相同的，也就是说，只是在电脑出现智力的时间点上，才与我们的世界不太相同了。”袁园圆继续说道。

“天！那我们可以用‘CH 桥’回到历史里啊!”李晓文突然想起了他刚才与张晓数的争论，“我们可以利用它来改变历史!”

“也不是不可以啊……”张晓数也觉得十分激动。

“怎么回事怎么回事?”小国王还不太清楚。

“我们到历史的长河中，去寻找怎样使电脑不出现反叛人类智力的方法!”袁园圆说。

“真的?”小国王兴奋起来。

“可我们只有三个‘CH 桥’啊。”李晓文突然又发愁起来。

“我的这个‘CH 桥’功率比较大。”袁园圆说道，“我可以拉着小国王一起动身。”

李晓文摊摊手，张晓数耸耸肩，总之都多少有些醋意。不过大敌当前，他们还是比较顾全大局的，于是决定就这么办。

“我们从哪里开始研究?”李晓文拿着“CH 桥”——是“拿着”，不是“戴着”，因为被改装过的“CH 桥”已经只有手表大小了，“我熟悉历史。”

“当然是从人工智能出现的时候。”张晓数想了一下又补充说，“还是从电脑出现的时候吧，这样保险些。”

“恐怕做不到。”袁园圆一边摆弄“CH 桥”一边说道，

“我研究了一下，现在‘CH 桥’一开始必须直达人类文明的源头，然后才能前前后后地调来调去。”

“我看也别叫它‘CH 桥’了，干脆叫它‘时间机器’好了。”李晓文给“CH 桥”重新命名，“连上这个临时手柄的，怎么看怎么不像原来的‘CH 桥’了。”

“人类文明的源头？那好得很啊！”小国王倒是很高兴，“我还不太了解我们文明的历史呢——尤其是……”

“尤其是数学发展史。”袁园圆笑道，“小心了，我们要动身了。”

李晓文、张晓数和袁园圆都戴好“CH 桥”，小国王的手也与袁园圆的手紧紧地拉在了一起。然后随着袁园圆的一声令下，三人同时启动了“CH 桥”！

旋即，李晓文、张晓数和袁园圆都被那股熟悉的白雾包裹了起来！

而这一次，他们所进入的，是——时间！